中等职业教育建筑工程施工专业系列教材

钢筋翻样与加工

主　编　张永华

参　编　黄　磊　何开俊　孟　莉

主　审　杨澄宇

北京理工大学出版社
BEIJING INSTITUTE OF TECHNOLOGY PRESS

内 容 简 介

本书紧密结合工程实际，通过项目、任务、问题的形式引领学生学习。本书共 7 章，分为 10 个项目，主要介绍了独立基础、条形基础钢筋翻样与加工，底层柱、标准层、顶层柱钢筋翻样与加工，楼层框架梁、屋面框架梁翻样与加工，有梁盖板钢筋翻样与加工，剪力墙钢筋翻样与加工，AT 型楼梯钢筋翻样与加工等内容。每个项目以四大任务为支撑，包括准备工作、试图翻样、绑扎加工、质量验收，并配有实际案例。

本书可作为职业院校建筑类专业教材，也可作为相关企业建筑工程技术人员参考用书。

图书在版编目（CIP）数据

钢筋翻样与加工/张永华主编.—北京：北京理工大学出版社，2023.7重印
ISBN 978-7-5682-1798-9

Ⅰ.①钢…　Ⅱ.①张…　Ⅲ.①建筑工程－钢筋－工程施工－教材　Ⅳ.①TU755.3

中国版本图书馆CIP数据核字（2016）第018819号

出版发行 / 北京理工大学出版社有限责任公司	
社　　址 / 北京市海淀区中关村南大街5号	
邮　　编 / 100081	
电　　话 / （010）68914775（总编室）	
（010）82562903（教材售后服务热线）	
（010）68944723（其他图书服务热线）	
网　　址 / http://www.bitpress.com.cn	
经　　销 / 全国各地新华书店	
印　　刷 / 定州启航印刷有限公司	
开　　本 / 787毫米×1092毫米　1/16	
印　　张 / 10.25	责任编辑 / 张荣君
字　　数 / 240千字	文案编辑 / 张荣君
版　　次 / 2023年7月第1版第3次印刷	责任校对 / 孟祥敬
定　　价 / 25.00元	责任印制 / 边心超

前言

FOREWORD

本书是按照职业教育土建施工类专业的教学要求，以国家现行建设工程标准、规范、规程为依据，结合国家职业标准和行业职业技能标准要求，总结多年的教学、工作经验编写完成。

本书以职业院校学生的实际需求作为课程开发的出发点，考虑培养对象的职业性，坚持以技能为本位，注重基本知识与基本技能的结合，着重介绍了建筑结构施工中常用钢筋的构造、下料、加工、绑扎和检查方法。本书在编写中，强调实践性、实用性、可操作性，注重中职中专应用型人才的培养，理论以够用为度，重点突出操作技能的训练和培养，注重实用和实效，文字上力求深入浅出，在编写形式上，条理清晰，图文并茂。

本书编写时除创设学习情境外，每个项目以四大任务为支撑，包括准备工作、识图翻样、绑扎加工、质量验收。便于学生依托典型工作任务入手，便于边学边练，适合在实训场地和施工现场组织教学。

本书由江苏省海门中等专业学校张永华担任主编，江苏省海门中等专业学校黄磊、江苏省淮阴中等专业学校何开俊、江苏省武进中等专业学校孟莉参与编写。江苏城乡建设职业学院杨澄宇主审全书稿件，在此表示感谢。

限于编者专业水平，书中难免有不妥之处，敬请读者批评指正。

编　者

CONTENTS ● ● ● ● ● ● ● ● ● ● ● ● ● ● ● ● ● ●

第1章 钢筋翻样入门篇

第2章 基础篇

第3章 柱篇

第 4 章 梁篇

第 5 章 板篇

第 6 章 剪力墙篇

第7章 楼梯篇

参考文献

钢筋翻样入门篇

▲【11G101系列平法标准图介绍】

(1)11G101—1混凝土结构施工图平面整体表示方法制图规则和构造详图(现浇混凝土框架、剪力墙、梁、板)(图1-0-1)。

图1-0-1 11G101—1

本图集适用于非抗震及抗震设防烈度为6～9度地区的现浇混凝土框架、剪力墙、框架-剪力墙和部分框支剪力墙等结构施工图设计,以及各类结构中的现浇混凝土楼面与屋面板(有梁楼盖及无梁楼盖)、地下室结构部分的墙体、柱、梁、板结构施工图的设计。

图集中包括基础顶面以上的现浇混凝土柱、墙、梁、楼面与屋面板(有梁楼盖及无梁楼盖)等构件的平面整体表示方法制图规则和标准构造详图两部分内容。

(2)11G101—2混凝土结构施工图平面整体表示方法制图规则和构造详图(现浇混凝土板式楼梯)(图1-0-2)。

本图集适用于非抗震及抗震设防烈度为6～9度地区的现浇钢筋混凝土板式楼梯。

图集中现浇混凝土板式楼梯包括11种类型。其中AT～HT用于非抗震设计及不参与主体结构抗震设计的楼梯;ATa、ATb用于采取滑动措施减轻楼梯对主体

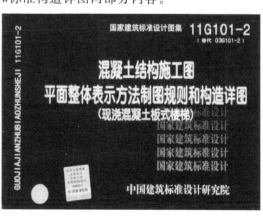

图1-0-2 11G101—2

（框架）影响的楼梯；ATc 用于框架中参与主体结构抗震设计的楼梯。

（3）11G101—3 混凝土结构施工图平面整体表示方法制图规则和构造详图（独立基础、条形基础、筏形基础及桩基承台）（图 1-0-3）。

图 1-0-3　11G101—3

11G101—3《混凝土结构施工图平面整体表示方法制图规则和构造详图（独立基础、条形基础、筏形基础及桩基承台）》是对 04G101—3《混凝土结构施工图平面整体表示方法制图规则和构造详图（筏形基础）》、08G101—5《混凝土结构施工图平面整体表示方法制图规则和构造详图（箱形基础和地下室结构）》、06G101—6《混凝土结构施工图平面整体表示方法制图规则和构造详图（独立基础、条形基础、桩基承台）》的修编。本次修编按新规范对图集中标准构造详图部分进行了修订；结合设计人员习惯对制图规则部分内容进行了调整；修编将原图集 04G101—3、08G101—5 及 06G101—6 内容合并为一本，适用于基础部分结构施工图设计，方便设计施工人员使用。

▲【钢筋翻样相关数据用表】

1. 混凝土保护层厚度

根据《混凝土结构设计规范》（GB 50010—2010）的规定，混凝土保护层最小厚度见表 1-0-1。

表 1-0-1　混凝土保护层最小厚度　　　　　　　　　　　　　　　　mm

环境类别	墙、板	梁、柱
一	15	20
二 a	20	25
二 b	25	35
三 a	30	40
三 b	40	50

注：1. 表中混凝土保护层厚度是指最外层钢筋外边缘至混凝土表面的距离，适用于设计使用年限为 50 年的钢筋混凝土结构。

2. 构件中受力钢筋的保护层厚度不应小于钢筋的公称直径。

3. 设计使用年限为 100 年的混凝土结构，一类环境中，最外层钢筋的保护层厚度不应小于表中数值的 1.4 倍；二、三类环境中，应采取专门的有效措施。

4. 混凝土强度等级不大于 C25 时，表中保护层厚度数值应增加 5 mm。

5. 基础底面钢筋的保护层厚度，有混凝土垫层时应从垫层顶面算起，且不应小于 40 mm。

2. 混凝结构的环境类别

混凝土结构的环境类别见表 1-0-2。

表 1-0-2 混凝土结构的环境类别

环境类别	条　件
一	室内干燥环境； 无侵蚀性静水浸没环境
二 a	室内潮湿环境； 非严寒和非寒冷地区的露天环境； 非严寒和非寒冷地区与无侵蚀性的水或土壤直接接触的环境； 严寒和寒冷地区的冰冻线以下与无侵蚀性的水或土壤直接接触的环境
二 b	干湿交替环境； 水位频繁变动环境； 严寒和寒冷地区的露天环境； 严寒和寒冷地区的冰冻线以上与无侵蚀性的水或土壤直接接触的环境
三 a	严寒和寒冷地区冬季水位变动区环境； 受除冰盐影响环境； 海风环境
三 b	盐渍土环境； 受除冰盐作用环境； 海岸环境
四	海水环境
五	受人为或自然的侵蚀性物质影响的环境

注：1. 室内潮湿环境是指构件表面经常处于结露或湿润状态的环境。
　　2. 严寒和寒冷地区的划分应符合现行国家标准《民用建筑热工设计规范》(GB 50176)的有关规定。
　　3. 海岸环境和海风环境宜根据当地情况，考虑主导风向和结构所处迎风、背风部位等因素的影响，由调查研究和工程经验确定。
　　4. 受除冰盐影响环境是指受到除冰盐盐雾影响的环境；受除冰盐作用环境是指被除冰盐溶液溅射的环境以及使用除冰盐的洗车房、停车楼等建筑。
　　5. 暴露的环境是指混凝土结构表面所处的环境。

3. 钢筋类别

钢筋类别见表 1-0-3。

表 1-0-3　钢筋类别　　　　　　　　　　　　　　N/mm²

牌　号	公称直径/mm	屈服强度标准值	极限强度标准值
HPB300	6～22	300	420
HRB335 HRBF335	6～50	335	455
HRB400 HRBF400 RRB400	6～50	400	540
HRB500 HRBF500	6～50	500	630

注：H：热轧钢筋，P：光圆钢筋，B：钢筋，R：带肋钢筋，F：细晶粒热轧带肋钢筋 HPB300 热轧光圆钢筋，强度等级是 300 MPa。

HRB335 热轧带肋钢筋，强度等级是 335 MPa。

HRB400 热轧带肋钢筋，强度等级是 400 MPa。

RRB400 级钢筋是指余热处理钢筋，强度等级是 400 MPa。

4. 钢筋锚固长度

受拉钢筋基本锚固长度见表 1-0-4。

表 1-0-4　受拉钢筋基本锚固长度 l_{ab}、l_{abE}

钢筋种类	抗震等级	混凝土强度等级								
		C20	C25	C30	C35	C40	C45	C50	C55	≥C60
HPB300	一、二级(l_{abE})	$45d$	$39d$	$35d$	$32d$	$29d$	$28d$	$26d$	$25d$	$24d$
	三级(l_{abE})	$41d$	$36d$	$32d$	$29d$	$26d$	$25d$	$24d$	$23d$	$22d$
	四级(l_{abE})	$39d$	$34d$	$30d$	$28d$	$25d$	$24d$	$23d$	$22d$	$21d$
	非抗震(l_{ab})									
HRB335 HRBF335	一、二级(l_{abE})	$44d$	$38d$	$33d$	$31d$	$29d$	$26d$	$25d$	$24d$	$24d$
	三级(l_{abE})	$40d$	$35d$	$31d$	$28d$	$26d$	$24d$	$23d$	$22d$	$22d$
	四级(l_{abE})	$38d$	$33d$	$29d$	$27d$	$25d$	$23d$	$22d$	$21d$	$21d$
	非抗震(l_{ab})									
HRB400 HRBF400 RRB400	一、二级(l_{abE})	—	$46d$	$40d$	$37d$	$33d$	$32d$	$31d$	$30d$	$29d$
	三级(l_{abE})	—	$42d$	$37d$	$34d$	$30d$	$29d$	$28d$	$27d$	$26d$
	四级(l_{abE})	—	$40d$	$35d$	$32d$	$29d$	$28d$	$27d$	$26d$	$25d$
	非抗震(l_{ab})									
HRB500 HRBF500	一、二级(l_{abE})	—	$55d$	$49d$	$45d$	$41d$	$39d$	$37d$	$36d$	$35d$
	三级(l_{abE})	—	$50d$	$45d$	$41d$	$38d$	$36d$	$34d$	$33d$	$32d$
	四级(l_{abE})	—	$48d$	$43d$	$39d$	$36d$	$34d$	$32d$	$31d$	$30d$
	非抗震(l_{ab})									

受拉钢筋锚固长度 l_a、抗震钢筋锚固长度 l_{aE} 见表 1-0-5。

表 1-0-5　受拉钢筋锚固长度 l_a、抗震钢筋锚固长度 l_{aE}

非抗震	抗震	注：
$l_a = \xi_a l_{ab}$	$l_{aE} = \xi_{aE} l_a$	1. l_a 不应小于 200 mm。 2. 锚固长度修正系数 ξ_a 按受拉钢筋锚固长度修正系数 ξ_a 表取用，当多于一项时，可按连乘计算，但不应小于 0.6。 3. ξ_{aE} 为抗震锚固长度修正系数，一、二级抗震等级取 1.15，三级抗震等级取 1.05，四级抗震等级取 1.00。

注：1. HPB300 钢筋末端应做 180°弯钩，弯后平直段长度不应小于 3d，但作受压钢筋时可不做弯钩。

　　2. 当锚固钢筋保护层厚度不大于 5d 时，锚固钢筋长度范围内应设置横向构造钢筋，其直径不应小于 $d/4$（d 为锚固钢筋的最大直径）；梁、柱等构件间距不应大于 5d，墙、板等构件间距不应大于 10d，且均不应大于 100 mm（d 为锚固钢筋的最小直径）。

受拉钢筋搭接长度修正系数 ξ_a 见表 1-0-6。

表 1-0-6　受拉钢筋搭接长度修正系数 ξ_a

锚固条件		ξ_a	
带肋钢筋的公称直径大于 25 mm		1.10	——
环氧树脂涂层带肋钢筋		1.25	
施工过程中易受扰动的钢筋		1.10	
锚固区保护层厚度	3d	0.80	注：中间时按内插值。d 为锚固钢筋直径。
	5d	0.70	

5. 钢筋绑扎搭接长度

纵向受拉钢筋绑扎搭接长度见表 1-0-7。

表 1-0-7　纵向受拉钢筋绑扎搭接长度 l_l、l_{lE}

纵向受拉钢筋绑扎搭接长度 l_l、l_{lE}			注：
抗震	非抗震		1. 当不同直径的钢筋搭接时，l_l、l_{lE} 按直径较小的钢筋计算。
$l_{lE} = \xi_l l_{aE}$	$l_l = \xi_l l_a$		2. 在任何情况下 l_l 不得小于 300 mm。
纵向受拉钢筋搭接长度修正系数 ξ_l			3. 式中 ξ_l 为纵向受拉钢筋搭接长度修正系数，当纵向钢筋搭接头面积百分率为表的中间值时，可按内插取值。
纵向钢筋搭接头面积百分率/%	≤25	50	100
ξ_l	1.2	1.4	1.6

▲【钢筋的配料与代换】

🔍1. 钢筋的配料

根据结构施工图，先绘出各种形状和规格的单根钢筋简图并加以编号，然后分别计算钢筋下料长度、根数及质量，填写钢筋配料单，申请加工。

(1)钢筋配料单的编制。钢筋配料单的编制见表1-0-8。

表 1-0-8　钢筋配料单

构件名称	钢筋编号	简图	钢号	直径/mm	下料长度/mm	单根根数	合计根数	质量/kg
L1 梁（共 10 根）	①	200 ⌐ 6 190 ⌐		25	6 802	2	20	523.75
	②	6 190		12	6 340	2	20	112.60
	③	765 636 3 760		25	6 824	1	10	262.72
	④	265 636 4 760		25	6 824	1	10	262.72
	⑤	162 462		6	1 298	32	320	91.78
	合计	6：91.78 kg； 12：112.60 kg； 25：1 049.19 kg						

(2)钢筋配料单的编制步骤。

1)熟悉图纸，将结构施工图中钢筋的品种、规格列成钢筋明细表，并读出钢筋设计尺寸。

2)计算钢筋的下料长度。

3)根据钢筋下料长度填入钢筋配料单，汇总编制钢筋配料单(在配料单中，要反映出工程名称，钢筋编号，钢筋简图和尺寸，钢筋直径、数量、下料长度、质量等)。

4)根据钢筋配料单填写钢筋料牌，将每一编号的钢筋制作一块料牌，作为钢筋加工的依据，如图 1-0-4 所示。

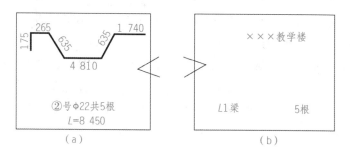

图 1-0-4　钢筋料牌

(a)反面；(b)正面

(3)钢筋下料长度计算。

1)根据结构施工图计算出每根钢筋切断时的直线长度。

2)直钢筋下料长度＝直构件长度－保护层厚度＋弯钩增加长度。

3)弯起钢筋下料长度＝直段长度＋斜段长度－弯折量度差值＋弯钩增加长度。

4)箍筋下料长度＝直段长度＋弯钩增加长度－弯折量度差值或(箍筋周长＋箍筋调整值)。

(4)钢筋下料长度的计算原则及规定。

1)量度差值：钢筋弯曲时，外壁伸长内壁缩短，中心长度不变，其外包尺寸大于中心线长度，它们之间存在一个差值，这个差值称为"量度差值"。钢筋的下料长度应按简图的外包尺寸，增加两端弯钩增加的尺寸，再扣除钢筋弯曲时引起的量度差值。

2)钢筋中间部位弯曲量度差。

例：90°弯折量度差值(图 1-0-5)为：

中间弯折处的量度差值＝弯折处的外包尺寸－弯折处的轴线弧长

①弯折处的外包尺寸。

$$A'B' + B'C' = 2A'B' = 2(D/2 + d)\tan(\alpha/2)$$

②弯折处的轴线弧长。

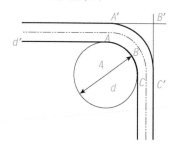

图 1-0-5　90°弯折量度差值计算例图

$$\overset{\frown}{ABC} = \left(\frac{D}{2} + \frac{d}{2}\right) \cdot \frac{\alpha \cdot \pi}{180} = 2(D + d) \cdot \frac{\alpha \cdot \pi}{360}$$

规范规定，D 应 $\geqslant 5d$，若取 $D = 5d$，则量度差值为：

$$2 \times (3.5d)\tan\frac{\alpha}{2} - (6d)\frac{\alpha\pi}{360} = 7d\tan\frac{\alpha}{2} - \frac{\alpha\pi}{360}$$

90°的弯钩时，应在外包尺寸的基础上扣除 $2d$。

钢筋中间部位弯折量度差值见表 1-0-9。

表 1-0-9　钢筋中间部位弯折量度差值

钢筋弯折角度	30°	45°	60°	90°	135°
量度差值	$0.3d$	$0.5d$	$1d$	$2d$	$3d$

3)钢筋弯钩增加值。受力钢筋的弯钩和弯折应符合下列要求：

①HPB300 钢筋末端应做 180°弯钩，其弯弧内直径不应小于钢筋直径的 2.5 倍，弯钩的弯后平直部分长度不应小于钢筋直径的 3 倍。

②当设计要求钢筋末端需做 135°弯钩时，HRB335、HRB400 级钢筋的弯弧内直径不应小于钢筋直径的 4 倍，弯钩的弯后平直部分长度应符合设计要求。

③钢筋做不大于 90°的弯折时，弯折处的弯弧内直径不应小于钢筋直径的 5 倍。

④端部弯钩增长值见表 1-0-10。HPB300 级钢筋端部应做 180°弯钩，弯心直径≥2.5d，平直段长度≥3d。

表 1-0-10　端部弯钩增长值

钢筋级别	弯钩角度	弯心最小直径	平直段长度	增加尺寸
HPB300	180°	2.5d	3d	6.25d
HRB335	90°	4d	按设计	1d+平直段长
	135°			3d+平直段长
HRB400	90°	5d	按设计	1d+平直段长
	135°			3.5d+平直段长

4）箍筋下料长度。

箍筋的下料长度＝内包尺寸＋量内包尺寸相应调整值

箍筋的下料长度＝外包尺寸＋量外包尺寸相应调整值

箍筋内包、外包尺寸如图 1-0-6 所示，其相应调整值见表 1-0-11。

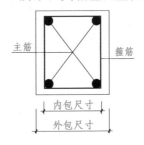

图 1-0-6　箍筋内包、外包尺寸示意图

表 1-0-11　箍筋调整值表

箍筋度量方法	箍筋直径/mm			
	4～5	6	8	10～12
外包尺寸	40	50	60	70
内包尺寸	80	100	120	150～170

5）钢筋的下料计算注意事项。

在设计图纸中，钢筋配置的细节问题未注明时，一般按构造要求处理；配料计算时，要考虑钢筋的形状和尺寸，在满足设计要求的前提下，应有利于加工；配料时，还应考虑施工需要的附加钢筋。

2. 钢筋的代换

当施工中遇到钢筋品种或规格与设计要求不相符时，可参照以下原则进行钢筋代换。

(1)等强度代换方法。

1)当构件配筋受强度控制时，可按代换前后强度相等的原则代换，称作"等强度代换"。

2)如设计图中所用的钢筋设计强度为 f_{y1}，钢筋总面积为 A_{s1}，代换后的钢筋设计强度为 f_{y2}，钢筋总面积为 A_{s2}，则应使：

$$A_{s1} \cdot f_{y1} \leqslant A_{s2} \cdot f_{y2}$$

$$n_2 \geqslant \frac{n_1 d_1^2 f_{y1}}{d_1^2 f_{y2}}$$

(2)等面积代换方法。当构件按最小配筋率配筋时，可按代换前后面积相等的原则进行代换，称为"等面积代换"。代换时应满足下式要求：

$$A_{s1} \leqslant A_{s2}$$

$$n_2 \geqslant n_1 \cdot \frac{d_1^2}{d_1^2}$$

式中　　f_{y1}、f_{y2}——代换前后钢筋的强度设计值；

　　　　A_{s1}、A_{s2}——代换前后钢筋的计算截面面积；

　　　　n_1、n_2——代换前后钢筋的根数；

　　　　d_1、d_2——代换前后钢筋的直径。

当构件配筋受裂缝宽度或挠度控制时，代换后应进行裂缝宽度或挠度验算。

第 2 章

基 础 篇

项目 2.1 独立基础钢筋翻样与加工

项目提要

　　根据国家职业标准对钢筋工的技能要求，本项目主要讲述独立基础平法识图、独立基础钢筋的排布规则、独立基础钢筋翻样计算、独立基础钢筋加工与安装等相关知识。

相关知识

1. 独立基础的平法识图
2. 独立基础钢筋的排布规则
3. 独立基础钢筋翻样计算的相关知识
4. 独立基础钢筋加工与安装
5. 钢筋工程检验相关规范

项目实施

2—1 独立基础钢筋翻样加工训练

项目目标

- 能根据实际结构施工图的要求，准确识读独立基础配筋图；
- 能准确完成独立基础钢筋的翻样计算并形成钢筋下料单；
- 能正确完成独立基础钢筋的绑扎加工，并保证尺寸精度；
- 培养学生团队协作的精神、严谨的工作作风及独立解决问题的能力。

任务一　准备工作

1. 学生准备工作

(1)11G101—3图集、独立基础钢筋翻样所需图纸相关学习资料准备。

(2)《混凝土结构工程施工质量验收规范》(GB 50204—2015)。

(3)《混凝土结构设计规范》(GB 50010—2010)。

(4)《建筑抗震设计规范》(GB 50011—2010)。

(5)《高层建筑混凝土结构技术规程》(JGJ 3—2010)。

(6)《建筑结构制图标准》(GB/T 50105—2010)。

(7)钢筋翻样所需课本、试验手册、相关工量器具等。

2. 教师准备工作

(1)学习任务单的制作。

(2)职业实践分析及学生情况分析。

(3)钢筋翻样多媒体资料。

(4)学生学习目标的制订。

(5)独立基础钢筋翻样与加工的教学情境创设。

(6)教学用工量器具的准备。

(7)质量评分系统的建立。

 **问题思考** ➡️ 　如何更加全面地做好学前准备，当遇到材料准备缺失时，可以采取哪些办法来解决，其中最简洁有效的处理措施是什么？

任务二　独立基础钢筋识图与翻样

▲▲【独立基础平法识图】

独立基础平法施工图，分为平面注写和截面注写两种表达方式。普通独立基础底板的截面形状有阶形和坡形两种类型。其编号表示如下：

阶形截面编号加下标"J",如 DJ$_J$01、DJ$_J$02;坡形截面编号加下标"P",如 DJ$_P$01、DJ$_P$02。

独立基础的平面注写方式,分为集中标注和原位标注两部分内容。集中标注是在基础平图上集中引注:基础编号、截面竖向尺寸、配筋三项必注内容,以及基础底面标高(与基础底面基准标高不同时)和必要的文字注解两项选注内容;原位标注是在基础平面图上标注独立基础的平面尺寸。对相同编号的基础可选择一个进行原位标注;当平面图形较小时,可将所选定进行原位标注的基础适当放大;其他相同编号者仅注编号。

1. 独立基础集中标注的内容

(1)注写独立基础编号(必注内容),如 DJ$_J$××、DJ$_P$××等。

(2)注写独立基础截面竖向尺寸(必注内容)。阶形截面 $h_1/h_2/h_3\cdots$;坡形截面注写为 h_1/h_2,如图 2-1-1 所示。

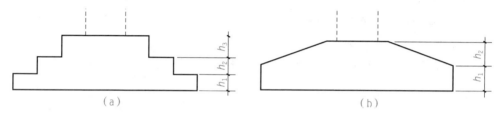

图 2-1-1 普通独立基础截面竖向尺寸

(a)阶形截面独立基础竖向尺寸;(b)坡形截面独立基础竖向尺寸

例:DJ$_J$01,300/300/400,表示阶形独立基础 DJ$_J$01 竖向截面尺寸 $h_1=300$、$h_2=300$、$h_3=400$,基础底板总厚度 1 000 mm;DJ$_P$02,350/300,表示坡形独立基础 DJ$_P$02 竖向截面尺寸 $h_1=350$、$h_2=300$,基础底板总厚度 650 mm。

(3)注写独立基础配筋(必注内容)。

以 B 代表独立基础底板的底部配筋,X 向配筋以 X 打头、Y 向配筋以 Y 打头注写;两向配筋相同时,则以 X & Y 打头注写。当圆形独立基础采用双向正交配筋时,以 X & Y 打头注写;当采用放射状配筋时以 RS 打头注写,先注写径向受力钢筋(间距以径向排列钢筋的最外端度量),并在"/"注写环向配筋。

例:当(矩形)独立基础底板配筋为:

B:X 16@150,Y 16@200;表示基础底板底部配置 HRB400 级钢筋,X 向直径为 16,分布间距为 150 mm;Y 向直径为 16,分布间距 200 mm,如图 2-1-2 所示。

(4)注写独立基础底面相对标高高差(选注内容)。

当独立基础底面标高与基础底面基准标高不同时,应将独立基础底面标高与基础底面基准标高的相对标高高差注写在"( )"内。如 DJ$_P$03(−0.500)表示该坡形独立基础底面标高比基础底面基准标高低 0.500 m。

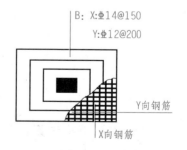

B:X:Φ14@150
Y:Φ12@200

Y向钢筋

X向钢筋

图 2-1-2 独立基础底板底部配筋

（5）必要的文字注解（选注内容）。

当独立基础的设计有特殊要求时，应增加必要的文字注解。

2. 独立基础原位标注的内容

（1）对称阶形独立基础截面尺寸原位标注，如图 2-1-3 所示。

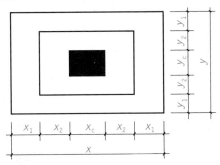

图 2-1-3　对称阶形独立基础原位标注

（2）对称坡形独立基础截面尺寸原位标注，如图 2-1-4 所示。

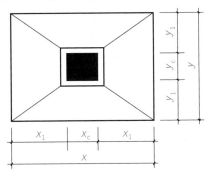

图 2-1-4　对称坡形独立基础原位标注

（3）普通独立基础采用平面注写方式的集中标注和原位标注综合表达，如图 2-1-5 所示。

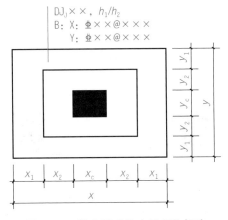

图 2-1-5　独立基础集中及原位标注

▲【独立基础配筋注写】

独立基础通常为单柱独立基础，也可以为多柱独立基础（双柱或四柱等）。当为双柱独立基础且柱距较小时，通常仅配置基础底部钢筋；当柱距较大时，除配置基础底部钢筋外还需在两柱间配置基础顶部钢筋或设置基础梁；当为四柱独立基础时，通常设置两道平行的基础梁，并在两道基础梁之间配置基础顶部钢筋。

🔍 1. 注写双柱独立基础底板顶部配筋

双柱独立基础的底板顶部配筋，通常对称分布在双柱中心线两侧，以"T"打头注写为"双柱间纵向受力钢筋/分布钢筋"。当纵向受力钢筋在基础底板顶面非布满时，应注明其总数，例如：T: 10 18@100/ 10@200 表示独立基础顶部配置纵向受力钢筋 HRB400 级，直径为 18 设置 10 根，间距 100 mm；分布筋 HPB300 级，直径为 10，分布间距 200 mm，如图 2-1-6 所示。

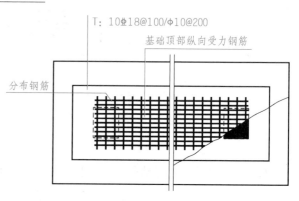

图 2-1-6　双柱独立基础顶部配筋示意图

🔍 2. 注写双柱独立基础的基础梁配筋

当双柱独立基础为基础底板与基础梁相结合时，注写基础梁的编号、几何尺寸和配筋。如 JL××(1)表示该基础梁为 1 跨，两端无外伸；JL××(1A)表示基础梁为 1 跨，一端有外伸；JL××(1B)表示基础梁为 1 跨，两端均有外伸。

通常情况下，双柱独立基础宜采用端部有外伸的基础梁，基础底板则采用受力明确、构造简单的单向受力配筋与分布筋。基础梁宽度宜比柱截面宽度≥100 mm（每边≥50 mm）。基础梁的注写示意图如图 2-1-7 所示。

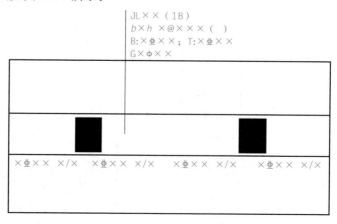

图 2-1-7　双柱独立基础梁配筋注写示意图

3. 注写配置两道基础梁的四柱独立基础底板顶部配筋

当四柱独立基础已设置两道平行的基础梁时，根据内力需要可在双梁之间及梁的长度范围之内配置基础顶部钢筋，注写为"梁间受力钢筋/分布钢筋"，例如：T：16@120/10@200 表示在四柱独立基础顶部两道基础梁之间配置受力钢筋 HRB400 级，直径为 16，间距 120 mm；分布筋 HPB300 级，直径为 10，分布间距 200 mm，如图 2-1-8 所示。

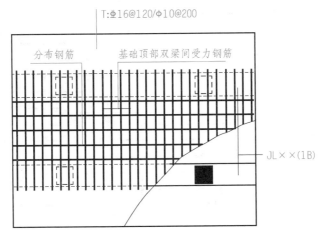

图 2-1-8　四柱独立基础底板顶部配筋示意图

采用平面注写方式表达的四柱独立基础注写示意图，如图 2-1-9 所示。

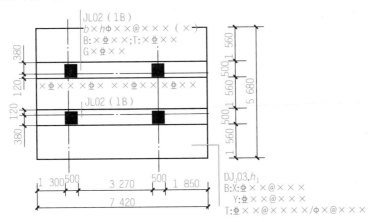

图 2-1-9　四柱独立基础平法施工图注写示意图

独立基础平法施工图的截面注写方式，可分为截面标注和列表注写（结合截面示意图）两种表达方式。具体内容可参考相关资料。

▲▲【独立基础排布筋原则】

独立基础排布筋原则如图 2-1-10～图 2-1-13 所示。

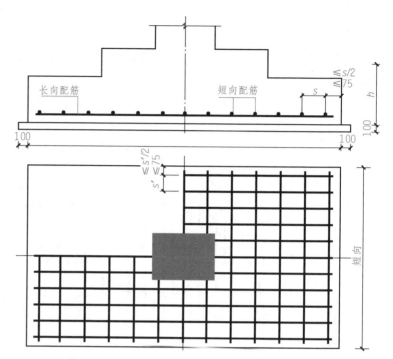

注：

1. 水平方向为 X 向，竖向为 Y 向。

2. X 向间距用 s' 表示，Y 向间距用 s' 表示。

3. 独立基础底部双向交叉钢筋长向设置在下面，短向设置在长向钢筋的上面。

图 2-1-10 阶形截面独立基础 DJ_J 底板钢筋排布构造

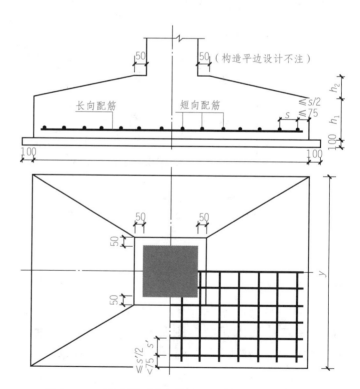

注：

1. 水平方向为 X 向，竖向为 Y 向。

2. X 向间距用 s' 表示，Y 向间距用 s' 表示。

3. 独立基础底部双向交叉钢筋长向设置在下面，短向设置在长向钢筋的上面。

4. 长向为何向详见具体工程设计。

图 2-1-11 坡形截面独立基础 DJ_p 底板钢筋排布构造

注：

1. 对称独立基础底板长度≥2 500 mm 时，除外侧钢筋外，底板钢筋长度可减短 10%。

2. 图面规定 X 向为长向，竖向为 Y 向。长向钢筋放在下面，短向钢筋放在长向钢筋的上面。

3. 长向为何向详见具体工程设计。

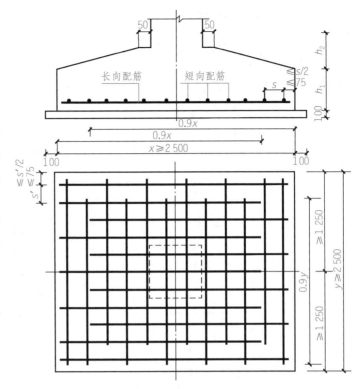

图 2-1-12　对称独立基础底板钢筋长度减短 10% 的钢筋排布构造

注：

1. 当非对称独立基础底板长度≥2 500 mm，但该基础某侧从柱中心至基础底板边缘的距离<1 250 mm 时，钢筋在该侧不应减短，≥1 250 mm 时该侧底板钢筋长度可减短 10%。

2. 图面规定 X 向为长向，Y 向为短向。长向钢筋放在下面，短向钢筋放在长向钢筋的上面。

3. 长向为何向详见具体工程设计。

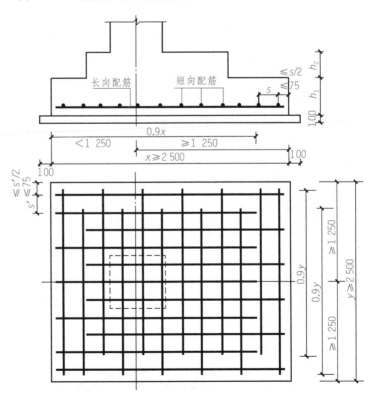

图 2-1-13　非对称独立基础底板钢筋长度减短 10% 的钢筋排布构造

▲【独立基础钢筋翻样实例】

某建筑公司所承建的东洲半岛多层住宅工程即将进行基础钢筋施工，在基础结构施工前要求钢筋翻样人员必须合理确定该工程独立基础的配筋信息(DJ_J01)，以保证该独立基础施工的工程质量。作为该技术人员应该如何做呢？

独立基础钢筋翻样计算的基本步骤为：

(1)识读图纸(图 2-1-14)，根据图纸的集中标注和原位标注掌握图纸的配筋等信息。

(2)根据钢筋的排布规则及构造要求分析钢筋的排布范围等相关信息。

(3)根据相关知识计算钢筋的下料长度。

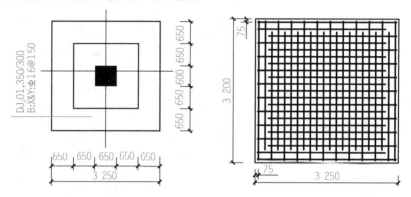

图 2-1-14　DJ_J01 钢筋排布示意图

解：(1)识读图纸信息：DJ_J01 是单柱普通独立基础，底板配筋为：双向 16 钢筋，间距 150 mm，X 向尺寸 3 250 mm，Y 向尺寸 3 200 mm，均大于 2 500 mm，混凝土强度等级为 C30，有垫层。

(2)根据钢筋的排布规则及构造要求分析钢筋的排布范围：根据图对称独立基础底板长度≥2 500 mm 时，除外侧钢筋外，底板钢筋长度可减短 10%。规定水平向为 X 向，竖向为 Y 向。长向(X)钢筋放在下面，短向(Y)钢筋放在长向钢筋的上面。$s/2=75$ mm。则钢筋排布范围：X=3 250−75×2＝3 100(mm)，Y=3 200−75×2＝3 050(mm)。

(3)计算钢筋下料长度。钢筋的混凝土保护层取 40 mm。

X 向外侧钢筋(16)下料长度：L_1=3 250−40(保护层)×2＝3 170(mm)(2 根)

X 向中间钢筋(16)下料长度：L_2=3 250×0.9＝2 925(mm)，根数 n＝[(3 200−75×2)/150]−1＝19(根)

Y 向外侧钢筋(16)下料长度：L_3=3 200−40(保护层)×2＝3 120(mm)(2 根)

Y 向中间钢筋(16)下料长度：L_4=3 200×0.9＝2 880(mm)，根数 n＝[(3 250−75×2)/150]−1＝20(根)

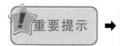

重要提示 ➡ 钢筋下料计算完成后应及时编制钢筋下料单并制作料牌。

拓展练习

环境描述：该独立基础采用混凝土强度等级为 C25，基础有垫层。

根据图 2-1-15 对该基础进行钢筋识图与翻样。

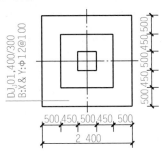

图 2-1-15　DJ$_J$01 钢筋示意图

任务三　独立基础钢筋绑扎与加工

▲▲【独立基础钢筋绑扎与加工】

(1)加工机具：钢筋调直机(图 2-1-16)、钢筋切断机、钢筋弯曲机、钢筋扳手、钢筋剪断钳。

(2)工艺流程：调直、除锈、冷加工→剪切下料→弯曲成型→质量验收。

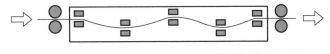

图 2-1-16　钢筋调直机示意图

1)调直方法：调直机调直或冷拉调直；对于直径 4～14 mm 的钢筋，如进行冷拉调直则钢筋的冷拉率要进行控制；调直机使钢筋调直、除锈、切断，宜在钢筋冷拉或钢丝调直过程中进行除锈，可以用机械、手工喷砂等方法进行除锈。

> **提示**
>
> 　　钢筋调直除锈：盘条圆钢采用钢筋调直切断机进行调直和初步切断。在调直的过程中，将圆钢的陈锈去除。因调直切断机切钢筋时误差较大，初步切断时，应将长度调整到比实际需要的长度长 2 cm。对于起层锈片的钢筋，先用小锤敲击，使锈片剥落干净，再进行使用。同时，因麻坑、斑点以及锈皮去层会使钢筋截面损伤，使用前应鉴定是否降级或另做其他处理。

2)钢筋切断:采用钢筋切断机或手动切断机。先断长料,后断短料,尽可能减少短头。

提示

钢筋切断:用切断机对钢筋进行精确切断。对根数较多的批量切断,在正式操作前应试切两三根,以检验长度的准确度。

3)弯曲成型:弯曲机可弯直径为 6~40 mm 的钢筋(加工成设计图纸要求的形状),直径较小的可以采用简易弯曲装置。

操作过程中要熟悉机械性能和操作规程。钢筋加工前要先检查机械运行情况,确保机械技术状况完好后,再进行加工。加工钢筋套丝时,应先套丝再加工成型,不允许先成型再套丝。用钢筋切断机断料时,手与刀口距离不得小于200 mm。活动刀片前进时禁止退料。切断钢筋禁止超过机械负载能力。切长钢筋时应有专人扶住,操作时动作要一致,不得任意摇拉。切钢筋须用套管或钳子夹料,不得用手直接送料。切断机旁应设放料台,机械运行中严禁用手直接清除刀口附近的短头和杂物。使用钢筋调直机时,机械上下不准堆放物件,以免机械震动落入机体,钢筋调直到末端时,人员必须离开,以防甩动伤人,钢筋长度短于 2 m 或直径大于 9 mm 的钢筋调直,应低速加工。用钢筋弯曲机时,钢筋要贴紧挡板,注意放入插头的位置和回转方向,不得开错。弯曲长钢筋时,应有专人扶住,并站在钢筋弯曲方向的外面,互相配合,不得拖拉。

任务四 独立基础钢筋质量验收

▲【独立基础钢筋加工质量验收】

1. 主控项目

(1)钢筋进场时,应抽取试件做屈服强度、抗拉强度、伸长率和重量偏差检验,检验结果应符合现行国家相关标准的规定。

（2）钢筋加工时，钢筋弯折的弯弧内直径应符合下列规定：

1）光圆钢筋，不应小于钢筋直径的 2.5 倍。

2）335 MPa 级，400 MPa 级带肋钢筋，不应小于钢筋直径的 4 倍。

3）500 MPa 级带肋钢筋，当直径为 28 mm 以下时不应小于钢筋直径的 6 倍，当直径为 28 mm 及以上时不应小于钢筋直径的 7 倍。

4）纵向受力钢筋的弯折后平直段长度应符合设计要求，光圆钢筋末端做 180°弯钩时，弯钩的平直段长度不应小于钢筋直径的 3 倍。

2. 一般项目

钢筋加工形状、尺寸应符合设计要求，其允许偏差应符合表 2-1-1 的规定。

表 2-1-1　钢筋加工的允许偏差

项　　目	允许偏差/mm
受力钢筋沿长度方向的净尺寸	±10
弯起钢筋的弯折位置	±20
箍筋外廓尺寸	±5

项目 2.2　条形基础钢筋翻样与加工

项目提要

根据国家职业标准对钢筋工的技能要求，本项目主要讲述条形基础平法识图、条形基础钢筋的排布规则、条形基础钢筋翻样计算等相关知识。

相关知识

1. 条形基础的平法识图

2. 条形基础钢筋的排布规则

3. 条形基础钢筋翻样计算的相关知识

4. 条形基础钢筋加工与安装

5. 钢筋工程检验相关规范

项目实施

2—2 条形基础钢筋翻样加工训练

项目目标

- 能根据实际结构施工图的要求，准确识读条形基础配筋图；
- 能准确完成条形基础钢筋的翻样计算并形成钢筋下料单；
- 能正确完成条形基础钢筋的绑扎加工，并保证尺寸精度；
- 培养学生团队协作的精神、严谨的工作作风及独立解决问题的能力。

任务一 准备工作

1. 学生准备工作

(1)11G101—3图集的准备。

(2)《混凝土结构工程施工质量验收规范》(GB 50204—2015)。

(3)钢筋翻样所需课本、试验手册、相关工量器具等。

(4)对独立基础内的知识进行复习梳理。

2. 教师准备工作

(1)学习任务单的制作、教学微视频、PPT。

(2)钢筋翻样职业实践能力分析及学生情况分析。

(3)钢筋翻样多媒体资料，施工现场视频资料。

(4)学生学习目标的制订。

(5)条形基础钢筋翻样与加工的教学情境创设。

(6)教学用工量器具的准备。

(7)质量评分系统的建立，学生自评、互评表的制作。

问题思考 ➡ 如何用最简洁有效的方法看图区分条形基础和独立基础？

任务二　条形基础钢筋识图与翻样

▲【条形基础平法识图】

条形基础整体上可分为梁板式条形基础和板式条形基础。

梁板式条形基础适用于钢筋混凝土框架结构、框架-剪力墙结构、部分框支剪力墙结构和钢结构等。平法施工图将梁板式条形基础分解为基础梁和条形基础底板分别进行表达。

板式条形基础适用于钢筋混凝土剪力墙结构和砌体结构。平法施工图仅表达条形基础板。当墙下设有基础圈梁时，再加注基础圈梁的截面尺寸和配筋。

条形基础编号分为基础梁、基础圈梁和条形基础底板编号，见表 2-2-1。

表 2-2-1　条形基础编号

类型	代号	序号	跨数及是否有外伸	类型	基础底板截面形状	代号	序号	跨数及是否有外伸
基础梁	JL	××	(××)端部无外伸 (××A)一端有外伸 (××B)两端有外伸	条形基础底板	坡形	TJB_P	××	(××)端部无外伸 (××A)一端有外伸 (××B)两端有外伸
基础圈梁	JQL	××			阶形	TJB_J	××	

🔍 1. 条形基础梁的平面注写方式

条形基础梁的平面注写方式分为集中标注和原位标注两部分内容。

(1)条形基础梁集中标注的内容：基础梁编号、截面尺寸、配筋三项必注内容，以及当基础梁底面标高与基础底面基准标高不同时的相对标高高差和必要的文字注解两项选注内容。具体规定如下：

1)注写基础梁编号(必注内容)，如 JL06(3A)。

2)注写基础梁截面尺寸(必注内容)。

注写基础梁截面尺寸 $b×h$，表示截面宽度×截面高度。当为加腋梁时，用 $b×h$ $Yc_1×c_2$ 表示，其中 $c_1×c_2$ 为腋长×腋高。如 300×750 Y500×350。

3)注写基础梁箍筋(必注内容)。

当具体设计仅采用一种箍筋间距时，注写钢筋级别、直径、间距与(肢数)，(箍筋肢数写在括号内，下同)；当具体设计采用两种或多种间距时，用"/"分隔不同箍筋的间距及肢数，按照从基础梁两端向跨中的顺序注写。当具体设计为两种不同的箍筋时，先注写第一段箍筋(在前面加注箍筋道数),在斜线后再注写第二段箍筋(不再加注箍筋道数)。

例:10 12@100/ 12@200(4),表示该基础梁箍筋为 HRB400 级,从基础梁两端起向跨内按间距 100 mm 设置 10 道直径为 12 的四肢箍,其余部位设置 12 间距 200 mm 的四肢箍。

例:9 16@100/9 16@150/ 16@200(6),表示配置三种间距 HRB400 级箍筋,直径为 16,从梁两端起向跨内按间距 100 mm 设置 9 道,再按间距 150 mm 设置 9 道,其余部位的间距为 200 mm,均为六肢箍。

施工钢筋排布时,在两向基础梁相交柱下区域位置,无论该位置有无框架柱,均应有一向截面较高的基础梁按梁端箍筋贯通设置,当两向基础梁等高时,则选择跨度较小的基础梁的箍筋贯通设置,两向基础梁等高且等跨时,则任选一向基础梁的箍筋贯通设置。

4)注写基础梁底部、顶部及侧面纵向钢筋(必注内容)。

以 B 打头,注写基础梁底部贯通纵筋(不应小于梁底部受力筋总截面面积的 1/3)。当跨中所注纵向钢筋根数少于箍筋肢数时,需要在跨中增设基础梁底部架立筋以固定箍筋,采用"+"将贯通纵筋与架立筋相联,架立筋写在"+"后的括号内。

以 T 打头,注写梁顶部贯通纵筋。注写时用分号";"。

当梁底部或顶部贯通纵筋多于一排时,用"/"将各排纵筋自上而下分开。

例:B:4 28;T:12 28 7/5,表示该基础梁底部设置 4 28 的贯通纵筋;顶部贯通纵筋分两排设置,上面一排 7 28,下面一排 5 28,共 12 28。

以 G 打头,注写基础梁两侧面对称设置的纵向构造钢筋的总配筋值(当梁腹板净高 h_w 不小于 450 mm 时,根据需要配置)。

例:G8 14,表示该基础梁两个侧面共对称配置 8 14 钢筋,即每个侧面各设置 4 14 钢筋。

5)注写基础梁底面相对标高(选注内容)。当条形基础的底面标高与基础底面基准标高不同时,将条形基础底面标高注写在"( )"内。

6)必要的文字注解(选注内容)。当基础梁的设计有特殊要求时,宜增加必要的文字注解。

(2)条形基础梁原位标注的内容。

1)原位标注基础梁端或梁在柱下区域的底部全部纵筋(包括底部非贯通筋及已集中注写的底部贯通纵筋)。

当梁端或梁在柱下区域的底部全部纵筋多余一排时,用"/"将各排纵筋自上而下分开注写;当同排纵筋有两种直径时,用"+"将两种不同直径的纵筋相联;当梁中间支座或梁在柱下区域两边的底部纵筋配置不同时,需在支座两边分别标注,当梁中间支座或梁在柱下区域两边的底部纵筋配置相同时,可仅在支座一边标注;当梁端(柱下)区域的底部全部纵筋与集中标注的底部贯通筋相同时,可不再重复标注原位标注。

2)原位注写基础梁的附加箍筋或(反扣)吊筋。

当两向基础梁十字交叉,但交叉位置无柱时,应根据抗力需要设置附加箍筋或(反扣)

吊筋。将附加箍筋或（反扣）吊筋直接画在十字交叉梁中刚度较大的基础主梁上，原位直接引注总配筋值（附加箍筋的肢数写在括号内）；当基础梁的附加箍筋或（反扣）吊筋大部分位置相同时，可在条形基础平法施工图上统一注明，少数与统一注明值不同时，再原位直接引注。

3）原位注写基础梁外伸部位的变截面高度尺寸。当基础梁外伸部位采用变截面高度时，在该部位原位注写 $b \times h_1/h_2$，h_1 为基础梁根部尺寸，h_2 为基础梁尽端截面尺寸。

4）原位注写修正内容。当基础梁上集中标注的某项内容（如截面尺寸、箍筋、底部与顶部贯通纵筋或架立筋、侧面纵向构造钢筋、梁底面相对标高等）不适用于某跨或某部位时，将其修正内容原位注写在该跨或该部位处，施工时原位标注取值优先。

基础圈梁（JQL）仅需集中引注：基础圈梁编号、截面尺寸、配筋三项必注内容，以及基础圈梁底面相对标高高差、必要的文字注解两项选注内容。

🔧 2. 条形基础底板的平面注写方式

条形基础底板 TJB_P、TJB_J 的平面注写方式分为集中标注和原位标注两部分内容。

（1）条形基础底板集中标注的内容：条形基础底板编号、截面竖向尺寸、配筋三项必注内容，以及条形基础底板底面相对标高高差、必要的文字注解两项选注内容。

1）注写条形基础底板编号（必注内容）。坡形截面，编号加下标"P"，如 $TJB_P03(5B)$；阶形截面，编号加下标"J"，如 $TJB_J03(5A)$。

2）注写条形基础底板截面竖向尺寸（必注内容）。注写为：$h_1/h_2/\cdots$。当条形基础底板为坡形截面时，注写为 h_1/h_2，如图 2-2-2 所示；当条形基础底板为多阶截面时，注写为 $h_1/h_2/\cdots$；当为单阶截面时注写为 h_1，如图 2-2-3 所示。

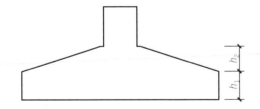

图 2-2-2　条形基础底板坡形截面竖向尺寸

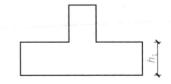

图 2-2-3　条形基础底板单阶截面竖向尺寸

3）注写条形基础底板底部及顶部配筋（必注内容）。

以 B 打头，注写条形基础底板底部的横向受力钢筋；以 T 打头，注写条形基础底板顶部的横向受力钢筋；注写时用"/"分隔条形基础底板的横向受力钢筋与构造钢筋。

例：B：14@150/ 8@250；表示条形基础底板底部配置 HRB400 级横向受力钢筋，直径为 14，分布间距 150 mm；配置 HPB300 级构造钢筋，直径为 8，分布间距 250 mm，如图 2-2-4 所示。

当为双梁（或双墙）条形基础底板时，除在底板底部配置钢筋外，一般尚需在双梁或双墙之间的底板顶部配置钢筋，其中横向受力钢筋的锚固从梁（或墙）的内边缘起算。

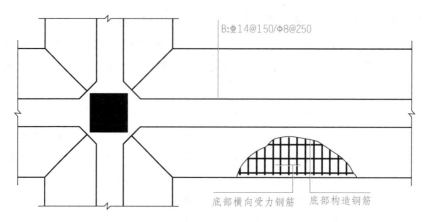

图 2-2-4   条形基础底板底部配筋示意图

例： 某双梁条形基础底板配筋为 B： 14@150/ 8@250；T： 14@200/ 8@250。表示该条形基础底板底部横向配置 14@150 的受力钢筋，纵向配置 8@250 的构造钢筋（分布钢筋）；底板顶部横向配置 14@200 的受力钢筋，纵向配置为 8@250 的构造钢筋（分布钢筋），如图 2-2-5 所示。

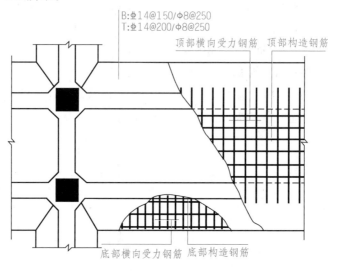

图 2-2-5   双梁条形基础底板配筋注写示意图

4)注写条形基础底板底面相对标高高差(选注内容)。当条形基础底板底面标高与条形基础底面基准标高不同时，应将条形基础底板底面相对标高高差注写在"( )"内。

5)必要的文字注解(选注内容)。当条形基础底板有特殊要求时，应增加必要的文字注解。

(2)条形基础底板原位注写的内容。

1)原位注写条形基础底板的平面尺寸。条形基础底板的原位标注就是注写其平面尺寸。原位标注 b、b_i，$i=1$，2，…。其中 b 为基础底板总宽度，b_i 为基础底板台阶的宽度。当基础底板采用对称于基础梁的坡形截面或单阶形截面时，b_i 可不注。

2)原位注写修正内容。当条形基础底板上集中标注的某项内容(如截面竖向尺寸、底板配筋、底板底面相对标高高差等)不适用于条形基础某跨或某部位时,将其修正内容原位注写在该跨或该部位处,施工时原位标注取值优先。

条形基础平法施工图的截面注写方式,分为截面注写和列表注写(结合截面示意图)两种。具体内容可参考相关资料。

▲▲【条形基础排布筋原则】

条形基础排布筋原则如图 2-2-6~图 2-2-11 所示。

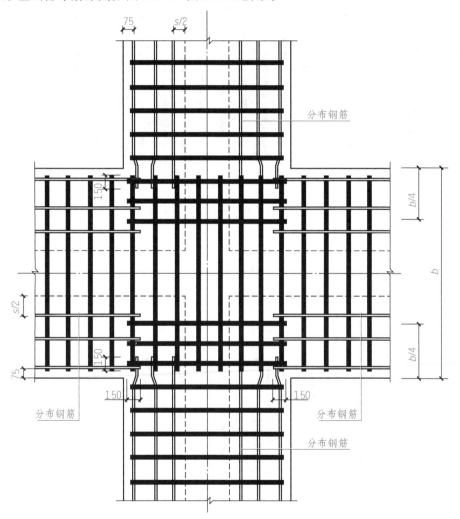

图 2-2-6　十字交叉条形基础底板钢筋排布构造

注:

1. 基础的配筋及几何尺寸详见具体结构设计。

2. 实际工程与本图不同时,应由设计者设计,如果要参照本图构造施工时,设计应给出相应的变更说明。

3. 图中 s 为分布钢筋的间距。

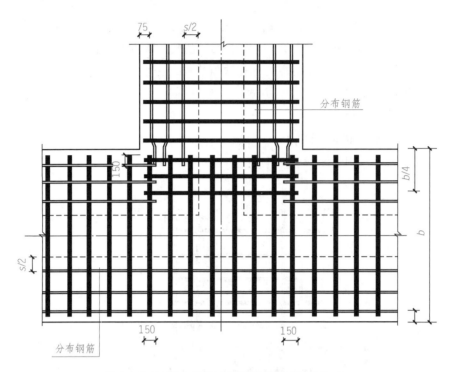

图 2-2-7　丁字交叉条形基础底板钢筋排布构造

注：

1. 基础的配筋及几何尺寸详见具体结构设计。

2. 实际工程与本图不同时，应由设计者设计，如果要求施工参照本图构造施工时，设计应给出相应的变更说明。

3. 图中 s 为分布钢筋的间距。

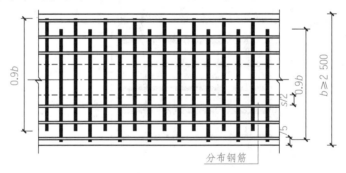

图 2-2-8　条形基础底板配筋长度减短 10% 的钢筋排布构造

注：

1. 当条形基础底板宽度 ≥ 2 500 mm 时，底板配筋长度可减少 10% 配置。但是在进入底板交接区的受力钢筋和无交接底板端部的第一根钢筋不应减短。

2. 图中 s 为分布钢筋的间距。

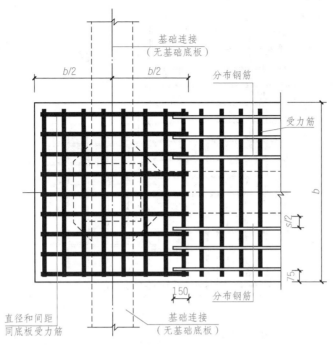

图 2-2-9　条形基础无交接底板端部钢筋排布构造

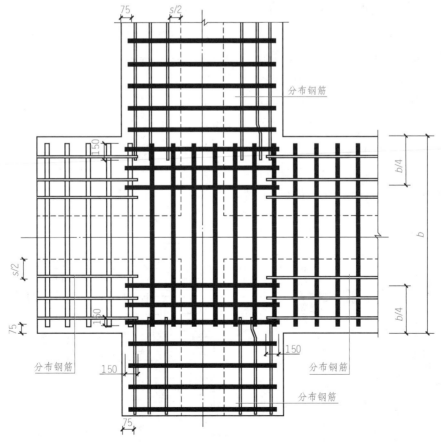

图 2-2-10　转角处基础梁、板均纵向延伸时底板钢筋排布构造

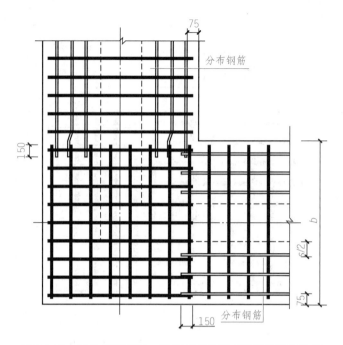

图 2-2-11 转角处基础梁、板均无延伸时底板钢筋排布构造

▲▲【条形基础钢筋翻样实例】

某建设公司所承建的××大厦工程即将进行基础钢筋施工，在基础结构施工前要求钢筋翻样人员必须合理确定该工程条形基础的配筋信息（TJB$_P$02），以保证该独立基础施工的工程质量。作为该技术人员应如何计算？

条形基础钢筋翻样计算的基本步骤为：

（1）识读图纸，根据图纸的集中标注和原位标注掌握图纸的配筋信息。

（2）根据钢筋的排布规则及构造要求分析钢筋的排布范围等相关信息。

（3）根据相关知识计算钢筋的下料长度。

根据图 2-2-12 基础平法施工图示意图，对 TJB$_P$02 的钢筋翻样计算。

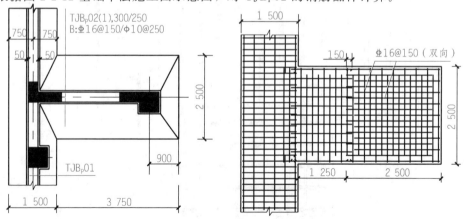

图 2-2-12 TJB$_P$02 钢筋排布示意图

解：（1）识读图纸信息：TJB$_P$02 底板配筋为：受力钢筋 16，间距 150 mm，分布钢筋 10 间距 250，X 向尺寸 3 750 mm，Y 向尺寸 2 500 mm，底板宽度≥2 500 mm，混凝土强度等级为 C30，有垫层。

（2）根据钢筋的排布规则及构造要求分析钢筋的排布范围：根据丁字交叉条形基础钢筋排布规则 TJB$_P$01 与 TJB$_P$02 交接处 TJB$_P$02 的受力钢筋与 TJB$_P$01 的受力钢筋应交接 375 mm（1 500/4）；根据图底板宽度≥2 500 mm 时，底板钢筋长度可减短 10%，但进入底板交接处的受力钢筋和无交接底板端部的第一根受力钢筋不减短；根据条形基础无交接底板端部钢筋排布构造 TJB$_P$02 端部 2 500×2 500 范围内应配置双向 16 受力钢筋。规定水平向为 X 向，竖向为 Y 向。$s/2=75$（mm）。钢筋排布范围如图 2-2-7 所示。

（3）计算钢筋的下料长度。钢筋的混凝土保护层厚度取 40 mm。

X 向外侧受力钢筋（16）下料长度 $L_1=2\ 500-40$（保护层）$=2\ 460$（mm）（2 根）。

X 向中间受力钢筋（16）下料长度 $L_2=2\ 500×0.9=2\ 250$（mm），根数 $n=[(2\ 500-75×2)/150]-1=14.7$（根），取 15 根。

X 向分布钢筋（10）下料长度 $L_3=1\ 250+150+40+150=1\ 590$（mm），根数 $n=[(2\ 500-75×2)/250]+1=10.4$（根），取 11 根。

Y 向外侧钢筋（16）下料长度 $L_4=2\ 500-40$（保护层）$×2=2\ 420$（mm）（1 根）。

Y 向两条形基础交接处钢筋（16）下料长度 $L_5=2\ 500-40$（保护层）$×2=2\ 420$（mm），根数 $n=[(375-75)/150]+1=3$（根）。

Y 向中间钢筋（16）下料长度 $L_6=2\ 500×0.9=2\ 250$（mm），根数 $n=(3\ 750/150)-1=24$（根）。

重要提示 ➡ 　钢筋下料计算完成后应及时核对钢筋信息，编制钢筋下料单并制作料牌，对复杂节点绘制截面图，以便于施工交底。

拓展练习

若 TJB$_P$01 配筋情况同 TJB$_P$02 一致，请对 TJB$_P$01 进行钢筋翻样。

任务三　条形基础钢筋绑扎与加工

▲【条形基础钢筋绑扎与加工】

🔧1. 材料及主要机具

（1）钢筋：应有出厂合格证，按规定做力学性能复试。当加工过程中发生脆断等特殊

情况，还需做化学成分检验。钢筋应无老锈及油污。

(2)铁丝：可采用 20～22 号铁丝(火烧丝)或镀锌铁丝(铅丝)。铁丝的切断长度要满足使用要求。

(3)控制混凝土保护层用的砂浆垫块、塑料卡、各种挂钩或撑杆等。

(4)工具：钢筋钩子、撬棍、扳子、绑扎架、钢丝刷子、手推车、粉笔、尺子等。

2. 操作工艺

工艺流程：画钢筋位置线→运钢筋到使用部位→绑底板及梁钢筋→绑墙钢筋。

(1)画钢筋位置线：按图纸标明的钢筋间距，算出底板实际需用的钢筋根数，一般让靠近底板模板边的那根钢筋离模板边为 5 cm，在底板上弹出钢筋位置线(包括基础梁钢筋位置线)。

(2)绑基础底板及基础梁钢筋。

1)按弹出的钢筋位置线，先铺底板下层钢筋。根据底板受力情况，决定下层钢筋哪个方向钢筋在下面，一般情况下先铺短向钢筋，再铺长向钢筋。

2)钢筋绑扎时，靠近外围两行的相交点都绑扎，中间部分的相交点可相隔交错绑扎。如采用一面顺扣应交错变换方向，也可以采用八字扣，但必须保证钢筋不位移。

3)摆放底板混凝土保护层用砂浆垫块，垫块厚度等于保护层厚度，按每 1 m 左右距离梅花型摆放。如基础底板较厚或基础梁及底板用钢量较大，摆放距离可缩小，甚至砂浆垫块可改用铁块代替。

4)底板如有基础梁，可分段绑扎成型，然后安装就位或根据梁位置就地绑扎成型。

5)基础底板采用双层钢筋时，绑扎完下层钢筋后，摆放钢筋马镫或钢筋支架(间距以 1 m 左右一个为宜)，在马镫上摆放纵横两个方向定位钢筋，钢筋上下次序及绑扣方法同底板下层钢筋。

6)底板钢筋如有绑扎接头时，钢筋搭接长度及搭接位置应符合施工规范要求，钢筋搭接处应用铁丝在中心及两端扎牢。如采用焊接接头，除应按焊接规程规定抽取试样外，接头位置也应符合相关施工规范的规定。

7)由于基础底板及基础梁受力的特殊性，上下层钢筋断筋位置应符合设计要求。

8)根据弹好的墙、柱位置线，将墙、柱伸入基础的插筋绑扎牢固，插入基础深度应符合设计要求，甩出长度不宜过，其上端应采取措施保证甩筋垂直，不歪斜、倾倒、变位。

3. 成品保护

(1)成型钢筋应按指定地点堆放，用垫木垫放整齐，防止钢筋变形、锈蚀、油污。

(2)绑扎墙筋时应搭临时架子，不准蹬踩钢筋。

(3)妥善保护基础四周外露的防水层，以免被钢筋碰破。

(4)底板上、下层钢筋绑扎时，支撑马镫要绑扎牢固，防止操作时踩变形。

(5)严禁随意割断钢筋。

任务四　条形基础钢筋加工质量验收

▲【条形基础钢筋加工质量验收】

1. 保证项目

(1)钢筋的品种和质量、焊剂的牌号、性能及使用的钢板，必须符合设计要求和有关标准的规定。进口钢筋焊接前必须进行化学成分检验和焊接试验，符合有关规定后方可焊接。

(2)钢筋加工前应将表面清理干净，表面带有颗粒状、片状老锈或有损伤的钢筋，不得使用。

(3)钢筋的规格、形状、尺寸、数量、间距、锚固长度、接头设置，必须符合设计要求和施工规范的规定。

(4)焊接接头机械性能，必须符合《钢筋焊接及验收规程》(JGJ 18—2012)规范的有关规定。

2. 基本项目

(1)绑扎钢筋的缺扣、松扣数量不得超过绑扣数的 10%，且不应集中。

(2)弯钩的朝向应正确，绑扎接头应符合《混凝土结构工程施工规范》(GB 50666—2011)的规定，搭接长度不应小于规定值。

(3)用 HPB300 级钢筋制作的箍筋，其数量应符合设计要求，弯钩角度和平直长度应符合《混凝土结构工程施工规范》(GB 50666—2011)的规定。

(4)对焊接头无横向裂纹和烧伤，焊包均匀。接头处弯折不得大于 4°，接头处钢筋轴线的偏移不得大于 $0.1d$，且不大于 2 mm。

(5)电弧焊接头焊缝表面平整，无凹陷、焊瘤，接头处无裂纹、气孔、灰渣及咬边。接头尺寸允许偏差不得超过以下规定：

1)绑条沿接头中心线的纵向位移不大于 $0.5d$，且不大于 3 mm。

2)接头处钢筋的轴线位移不大于 $0.1d$，且不大于 3 mm。

3)焊缝厚度不小于 $0.05d$。

4)焊缝宽度不小于 $0.1d$。

5)焊缝长度不小于 $0.5d$。

6)接头处弯折不大于 4°。

小贴士
Little Tips

应注意的质量问题：墙、柱预埋钢筋位移：墙、柱主筋的插筋与底板上、下筋要固定绑扎牢固，确保位置准确。必要时可附加钢筋电焊焊牢。混凝土浇筑前应有专人检查修整。露筋：墙、柱钢筋每隔 1 m 左右加绑带铁丝的水泥砂浆垫块（或塑料卡）。搭接长度不够：绑扎时应对每个接头进行尺量，检查搭接长度是否符合设计和规范要求。钢筋接头位置错误：梁、柱、墙钢筋接头较多时，翻样配料加工时，应根据图纸预先画出施工翻样图，注明各号钢筋搭配顺序，并避开受力钢筋的最大弯矩处。绑扎接头与对焊接头未错开：经对焊加工的钢筋，在现场进行绑扎时，对焊接头未错开搭接位置。因此加工下料时，凡距钢筋端头搭接长度范围以内不得有对焊接头。

第 3 章

柱　篇

项目 3.1　底层柱钢筋翻样与加工

项目提要

根据国家职业标准对钢筋工的技能要求，本项目主要讲述底层柱钢筋平法识图、翻样、加工、绑扎等相关知识。

相关知识

1. 框架柱的平法识图
2. 框架柱钢筋的排布规则
3. 框架柱钢筋翻样计算的相关知识
4. 框架柱钢筋加工与安装
5. 框架柱检验相关规范

项目实施

3—1　底层柱钢筋翻样与加工训练

　项目目标

- 能根据实际结构施工图的要求，准确识读底层柱配筋图；
- 能准确完成底层柱钢筋的翻样计算并编制钢筋下料单；
- 能正确完成底层柱钢筋的绑扎和加工，并保证尺寸精度；
- 培养学生团队协作的精神、严谨的工作作风及独立解决问题的能力。

任务一　准备工作

1. 学生准备工作

(1)11G101—1 图集。

(2)《混凝土结构工程施工质量验收规范》(GB 50204—2015)。

(3)钢筋翻样所需课本、试验手册、相关工量器具等。

(4)对前面讲的钢筋下料计算进行复习。

2. 教师准备工作

(1)学习任务单的制作。

(2)职业实践分析及学生情况分析。

(3)钢筋翻样多媒体资料。

(4)学生学习目标的制订。

(5)底层柱钢筋翻样与加工的教学情境创设。

(6)教学用工量器具的准备。

(7)质量评分系统的建立。

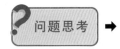 问题思考 → 受压构件是钢筋混凝土构件中最常见的构件之一，除柱类构件外，还有哪些构件也属于受压构件呢？

任务二　底层框架柱钢筋识图与翻样

▲【底层框架柱平法识图】

柱的结构图有截面柱写方法和列表注写方法两种表示方法。

1. 截面柱写方法

截面注写方式：在分标准层绘制的柱平面布置图的柱截面上，分别在同一编号的柱中选择一个截面，直接注写截面尺寸和配筋数值，如图 3-1-1 所示。

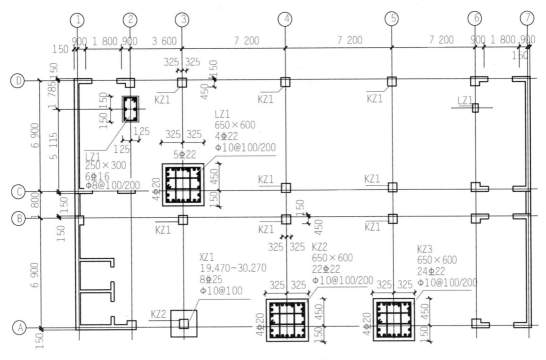

图 3-1-1 柱平面布置图

图 3-1-1 中 KZ1 采用截面标注的方式，将柱截断后在原柱图中标注柱的相关信息。该柱的名称为 KZ（框架柱），编号为"1"号；编号指的是柱的顺序号，编号相同的柱构造做法相同，在图 3-1-1 中标号为 KZ1 的中共有 9 根，表明这 9 根柱构造做法是一致的。柱的截面尺寸 $b \times h = 650 \times 600$，$b$ 一侧与轴线③的位置关系为从左向右为 325，325，h 一侧与轴线ⓒ的位置关系从上往下为 450，160；4 22 表明在柱的四个角点上分别布置 1 22 的钢筋； 10@100/200 表明在柱身上箍筋的直径为 10 mm，加密区的间距为 100 mm，非加密区间距为 200 mm；5 22 表明在 b 一侧除角部钢筋外还布置 5 根直径为 22 mm 的钢筋；4 20 表明在 h 一侧除角部外还布置 4 根直径为 20 mm 的钢筋。截面注写法的特点是简洁明了，对于初学者比较容易掌握，但是图幅较大画图者工作量大。

问题思考 ➡ 运用上述的知识思考图 3-1-1 中 KZ2 表示的含义。

🔧 2. 列表注写方法

列表注写方法：是指在柱平面布置图上，分别在同一编号的柱中选择一个或几个截面标注几何参数代号（反映截面对轴线的偏离情况），用简明的柱表注写柱号、柱段起止标高、几何尺寸（含截面对轴线的偏心情况）与配筋数值，并配以各种柱截面形状及箍筋类型图。柱表中自柱根部（基础顶面标高）往上以变截面位置或配筋改变处为界分段注写，如图 3-1-2所示。

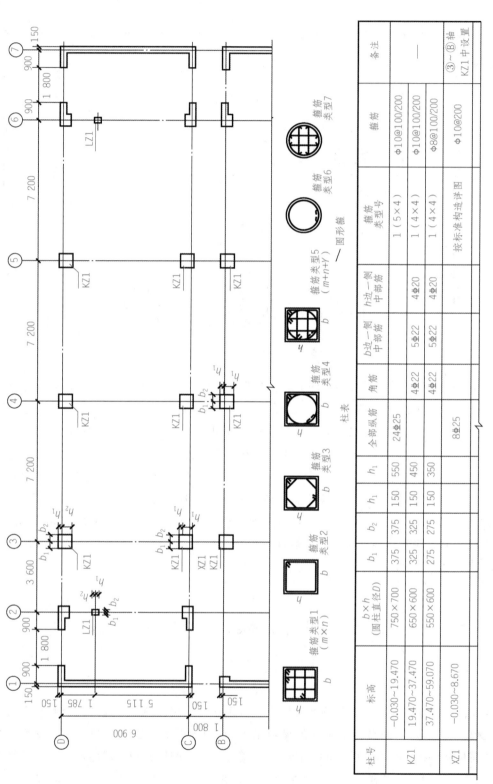

图 3-1-2 柱平法施工图—列表注写示意图

图 3-1-2 中应用列表注写方法，所谓列表就是指图中的"柱表"，在柱表中的第 2 列将柱身分为"－0.030～19.470""19.470～37.470""37.470～59.070"三段。以"－0.030～19.470"为例讲述列表注写方法："－0.030～19.470"指的是柱的标高范围；$b \times h = 750 \times 700$ 指的是柱的截面 b 侧的截面尺寸为 750 mm，h 侧为 700 mm，b_1、b_2、h_1、h_2 分别为 375 mm、375 mm、150 mm、550 mm，其中 $b_1 + b_2 = b$，$h_1 + h_2 = h$，这样表达的目的是表示柱位置和轴线的关系。在"全部纵筋"一栏中注写为"24 25"表示柱截面上钢筋是对称布置的每一边布置 7 根直径为 25 mm 的钢筋。"箍筋类型号"中标注"(15×4)"表明箍筋的类型为"1"(图 3-1-2 的箍筋类型)箍筋的肢数水平方向为五肢竖直方向为四肢，表达方式如图 3-1-3 所示；"箍筋"栏中的" 10@100/200"表示在加密区箍筋的直径为 10 mm 在加密区间距为 100 mm，非加密区间距为 200 mm。

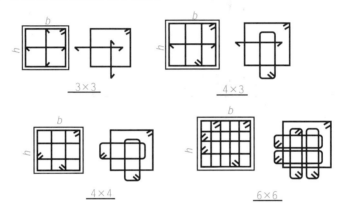

3×3 4×3

4×4 6×6

图 3-1-3 箍筋肢数样图

 问题思考 ➡ 运用上述的知识思考图 3-1-2 中"19.470～37.470""37.470～59.070"两行中各项标注表达的含义。

▲【底层柱钢筋构造】

1. 柱插筋

(1)柱插筋位置。柱插筋位置图如图 3-1-4 所示。

(2)柱插筋构造要求。在图集 11G101—3 中，根据不同的用途柱插筋有四种构造做法，以柱插筋在基础中锚固构造(一)为例讲述柱插筋的构造要求。在施工中选择哪种构造做法是主要具体工程情况，如构造(一)的适用条件为：插筋的保护层厚度 $>5d$，$h_j > l_{aE}(l_E)$，其中 d 为插筋的直径；h_j 为基础底面至基础顶面的高度；l_{aE} 为抗

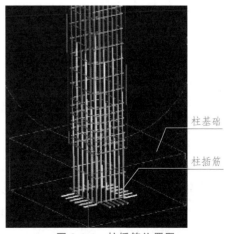

图 3-1-4 柱插筋位置图

柱基础

柱插筋

震结构钢筋锚固长度；l_E 为非抗震结构钢筋锚固长度。柱插筋的做法见柱插筋构造详图（图 3-1-5）。由图 3-1-5 可以清楚地看出，柱插筋在基础中的锚固长度（包括竖直长度 h_j 和直弯钩长度 $6d$ 且＞150 mm），柱插筋伸出基础顶面的高度即在柱身的长度如图 3-1-6 所示。

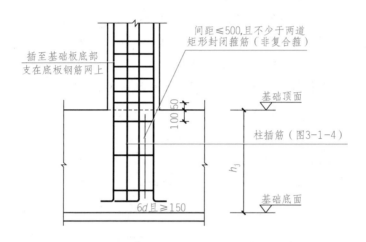

图 3-1-5 柱插筋基础内锚固构造

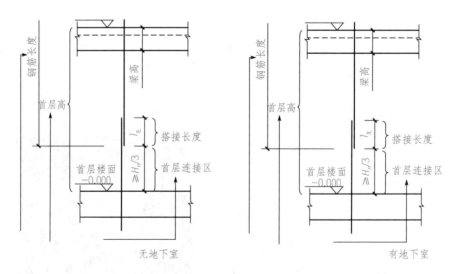

图 3-1-6 柱插筋伸出基础顶面的高度

其中，H_n 为首层楼层的净高，l_{lE} 为搭接连接的搭接长度，受压构件在同一截面上钢筋接头面积百分率不超过 50%，同一截面上钢筋接头错开至少 $1.3l_{lE}$，如图 3-1-7 所示。

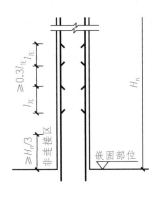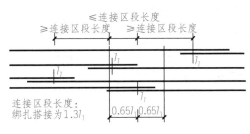

图 3-1-7 钢筋搭接区段图

(3)柱插筋的下料长度。

1)嵌固位置为正负零处：

①柱插筋下料长度＝(h_j－混凝土保护层厚度－基础底板钢筋直径)＋$6d$(且大于 150 mm)＋$H_n/3+l_{lE}-2d$

②柱插筋下料长度＝(h_j－混凝土保护层厚度－基础底板钢筋直径)＋$6d$(且大于 150 mm)＋$(H_n/3+l_{lE}+1.3l_{lE})-2d$

式中　　H_n——底层柱净高；

　　　　$2d$——钢筋弯曲 90°时弯曲调整值；

　　　　l_{lE}——钢筋绑扎连接搭接长度。

式①、式②分别用不同连接位置的柱插筋。

对于钢筋焊接连接柱插筋下料长度计算将式中 $1.3l_{lE}$ 改为 $35d$、500 mm 两者较大值同时去掉 l_{lE}、钢筋机械连接柱插筋下料长度计算将式中 $1.3l_{lE}$ 改为 $35d$ 同时去掉 l_{lE}。

2)嵌固位置在基础顶面处：

①柱插筋下料长度＝(h_j－混凝土保护层厚度－基础底板钢筋直径)＋$6d$(且大于 150 mm)＋$\max(H_n/6，h_c，500)-2d$

②柱插筋下料长度＝(h_j－混凝土保护层厚度－基础底板钢筋直径)＋$6d$(且大于 150 mm)＋$[\max(H_n/6，h_c，500)+1.3l_{lE}]-2d$

式中　　H_n——地下室柱净高；

　　　　$2d$——钢筋弯曲 90°时弯曲调整值；

　　　　l_{lE}——钢筋搭接长度。

式①、式②分别用不同连接位置的柱插筋。

对于钢筋焊接接柱插筋下料长度计算将式中 $1.3l_{lE}$ 改为 $35d$、500 mm 两者较大值、钢筋机械连接柱插筋下料长度计算将式中 $1.3l_{lE}$ 改为 $35d$。

 问题思考 ➡ 　　柱纵向钢筋连接的方式有哪些？如何选用连接的方式？柱嵌固位置不同时对钢筋有什么影响？

🔍 **2. 底层柱纵筋**

柱施工时是往往以楼层为单位分段施工，因此柱的纵向钢筋也是分段加工、定位、连接的，从严格定义上讲，柱插筋属于基础部分的钢筋和柱插筋连接的纵筋才是柱的底层柱纵向受力钢筋，柱嵌固位置在正负零（图 3-1-8）。

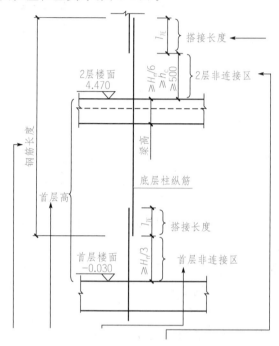

图 3-1-8　底层柱纵筋构造图

底层柱纵向受力钢筋下料计算：

$$纵筋长度＝首层层高－首层非连接区＋\max(H_\mathrm{n}/6，h_\mathrm{c}，500)＋l_{l\mathrm{E}}$$

式中　　　　H_n——首层楼层净高；

　　　　　　h_c——柱截面长边尺寸；

　　　　　　$l_{l\mathrm{E}}$——钢筋搭接连接搭接长度；

首层非连接区——如果为带地下室的柱取值为 $\max(H_\mathrm{n}/6，h_\mathrm{c}，500)$；如果为不带地下室的柱取值为 $H_\mathrm{n}/3$。

🔍 **3. 底层柱箍筋**

箍筋排布主要掌握箍筋在柱上布置的具体位置和箍筋的加密区及非加密区的位置，然后进行箍筋根数的计算。关于箍筋的下料长度计算在前面章节中已经讲述。

在柱插筋在基础中锚固构造（一）（图 3-1-5）中规定了柱基础中箍筋的起放点，即从基础顶面往下 100 mm 放置第一根箍筋然后根据基础的埋深布置间距不大于 500 mm 且不少于 2 根箍筋，在基础部分不需要布置复合箍筋。箍筋根数计算方法：$n＝$布置箍筋的长度/间距＋1。

例：如图 3-1-9 所示，试计算基础中箍筋的根数。底板钢筋直径 20 mm，基础部分混凝土保护层厚度 40 mm。

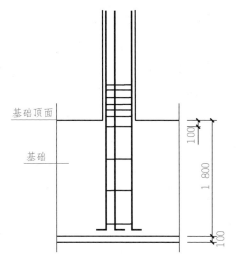

图 3-1-9　基础内箍筋计算例图

解：n(箍筋根数)＝{[1 800－100－40(混凝土保护层厚度)－20(底板钢筋直径)/500]}＋1＝4.28(根)　　取 5 根(箍筋的根数取整)

底层柱柱身箍筋加密区与非加密区的位置。箍筋加密区的位置在 11G101 图集中已经做了详细的规定(图 3-1-10)。图中"加密"的位置为基础底面向上、楼层梁所处的范围、楼层梁底面向下、楼层梁顶面向上；加密区的大小为"H_c、500 mm、$H_n/6$"中的最大值。箍筋数量计算方法为：

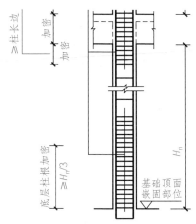

图 3-1-10　箍筋加密区位置示例图

底层柱根部加密区箍筋数量＝{[($H_n/3$－50)]÷加密区箍筋间距}＋1

底层柱中部非加密区箍筋数量＝{H_n 底层柱净高－$H_n/3$－max[H_c、500 mm、$H_n/6$－50]}/非加密区箍筋间距

底层柱上部加密区箍筋数量＝{max[H_c、500 mm、$H_n/6$]－50}/加密区箍筋间距

例：某工程底层框架柱净高 3.6 m，柱截面尺寸为 400 mm×400 mm，箍筋布置为 8@100/200，求箍筋的数量。

解：(1)柱底加密区高度＝$H_n/3＝3.6/3＝1.2$(m)

$$n_1＝[(1\ 200－50)÷100]＋1＝12.5(根) \quad 取整 13 根$$

(2)底层柱上部加密区高度 $\max\{H_c、500\ \text{mm}、H_n/6\}＝\max\{400\ \text{mm}、500\ \text{mm}、600\ \text{mm}\}＝600$(mm)

箍筋数量 $n_2＝(600－50)÷100＝5.5$(根) 　　取整 6 根

(3)底层柱中部非加密区高度＝$3.6－1.2－0.6＝1.8$(m)

箍筋数量 $n_3＝1\ 800÷200＝9$(根)

(4)箍筋总数 $n＝n_1＋n_2＋n_3＝13＋6＋9＝28$(根)

▲▲【底层柱钢筋翻样实例】

位于江苏省淮安市××水岸工程中的商住楼，由淮安市××建设有限公司施工，该楼为四层框架结构局部五层，没有地下室，一层梁截面高度为 450 mm，柱采用混凝土强度等级为 C40，柱中钢筋保护层为 25 mm，柱插筋的做法采用图集中构造(一)，独立基础高 500 mm，图中 H 为基础梁高度，其值为 1 200 mm，图纸中注明柱的嵌固位置在基础底面，钢筋连接的方式为机械连接。请对图 3-1-12 中的底层柱(包括柱插筋)进行钢筋翻样。

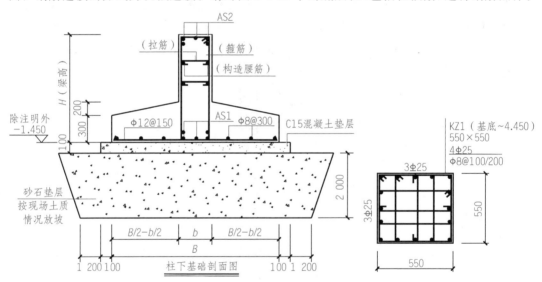

图 3-1-12　底层柱配筋图

解：(1)识图。

1)此标注的方法为截面注写法。

2)集中标注：KZ1 表示柱的类型为框架柱，编号为 1 号。

3)集中标注：(基底～4.450)表示该图画的柱范围从基础底面到标高为 4.450 m。

4)集中标注：550×550 表示柱的截面 b 一侧为 550 mm，h 一侧也为 550 mm。

5)集中标注：4 25 表示在柱的四个角部每个角点布置一根直径为 25 mm 的钢筋。

6)集中标注： 8@100/200 表示箍筋的直径为 8 mm，加密区间距为 100 mm，非加密区间距为 200 mm。

7)原位标注中 b 一侧和 h 一侧均标注为 3 25，表示在柱的截面 b 一侧和 h 一侧除角部都分别布置 3 25 的钢筋。

8)箍筋的类型为 5×5。

(2)柱插筋翻样。

1)钢筋竖直方向长度＝1 200(基础埋深)－40(底板钢筋保护层厚度)－(12＋8)(底板钢筋的直径)＋(4 450－450)/6(插筋出正负零高度应大于等于：$H_n/6$，500，h_c)＝2 474(mm)

下部直弯钩锚固长度＝max(6d，150)＝max(6×25，150)＝150(mm)

钢筋下料长度＝2 474＋150－2×25(钢筋弯曲调整值)＝2 574(mm)

根数：8 根。

2)钢筋竖直方向长度＝钢筋竖直方向长度＝1 200(基础埋深)－40(底板钢筋保护层厚度)－(12＋8)(底板钢筋的直径)＋(4 450－450)/6(插筋出正负零高度应大于等于：$H_n/6$，500，h_c)＋875(机械连接统一连接区段长度为 35d)＝3 349(mm)

下部直弯钩锚固长度＝max(6d，150)＝max(6×25，150)＝150(mm)

钢筋下料长度＝3 599＋150－2×25(钢筋弯曲调整值)＝3 449(mm)

根数：8 根。

(3)柱箍筋翻样。

1)基础中不需要复合箍筋。

箍筋的下料长度为＝(550－2×25)×2＋(550－2×25)×2＋25.1×8＝2 200(mm)

箍筋根数：规范中规定不小于 2 根且间距不大于 500 mm，这里的基础顶面指的是基础梁顶面(详见 11G101—3 第 59 页)，箍筋根数 n＝1 200/500＋1＝3.4(根)取整数，需要 4 根箍筋。

2)正负零以上箍筋采用复合箍筋。

箍筋尺寸为：500×500，其下料长度为：2 200 mm，根数：下部加密区 n_1＝{(4 450－450)/6－50}/100＋1＝7.2(根)，取整为 8 根。底柱中部非加密区箍筋根数 n_2＝{4 450－450－(4 450－450)/6×2}/200－1＝12.4(根)，取整 13 根。底层柱上部加密区根数 n_3＝{(4 450－450)/6－50}/100＝6.1(根)，取整 7 根。底层柱梁内加密区箍筋根数 n_4＝(450－50)/100＋1＝7.1(根)，取整 8 根。

底层柱箍筋根数 n＝n_1＋n_2＋n_3＋n_4＝8＋13＋7＋8＝36(根)

箍筋尺寸为 255×255，其下料长度为：255×2＋500×2＋25.1×8＝1 711(mm)

根数：36×2＝72(根)

箍筋的尺寸为：500，其下料长度为：$500+80\times2-2.5\times8\times2=620$(mm)

根数：72根。

 **问题思考** ➡ 请结合例题思考箍筋边长的计算。

任务三 底层框架柱钢筋绑扎与加工

▲【钢筋加工工艺】

工艺流程：准备工作→画线→试弯→弯曲成型。

弯曲成型分为人工弯曲和机械弯曲两种。在实训中主要使用人工弯曲方法，作为初学者使用人工弯曲更能了解钢筋在弯曲成型中的变化，为以后使用机械弯曲打下基础。以下介绍几种常见钢筋弯曲成型的方法。

🔧 1. 箍筋的弯曲成型

在操作台卡盘的左边钉上3个定位钉子，其方法如图3-1-13所示。

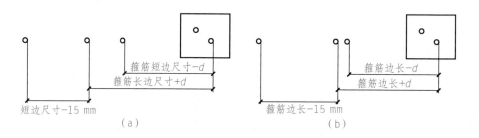

图 3-1-13 操作台定位图

(a)矩形箍筋定点方法；(b)正方形箍筋定点方法

箍筋弯曲成型步骤，如图3-1-14所示。

(1)在钢筋$L/2$处弯折90°。

(2)弯折短边90°。

(3)弯折短边135°弯钩。

(4)弯折长边135°弯钩。

(5)弯折长边90°。

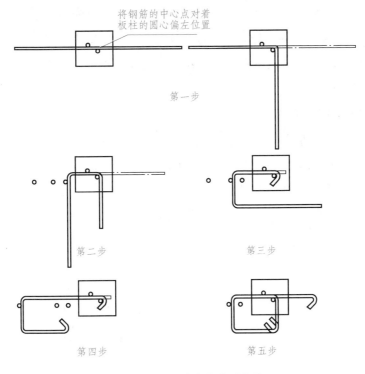

图 3-1-14　箍筋弯曲成型步骤

因为第三、四步的弯钩角度大，所以要比第二步、第五步操作时靠标志略松些，预留一些长度，以免箍筋不方正。

2. 弯起钢筋的弯曲成型

弯起钢筋的划线方法：采用边划边弯，具体方法如图 3-1-15 所示。

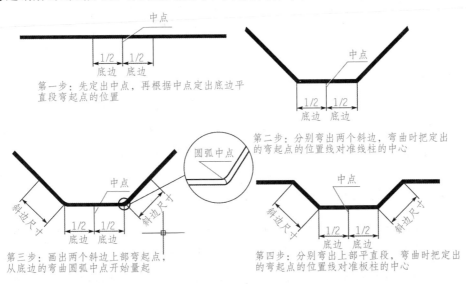

图 3-1-15　弯起钢筋的弯曲成型

弯曲钢筋时，扳手一定要托平，不能上下摆动，以免弯成的钢筋不发生在一个平面上而发生翘起。搭好扳手，注意扳距，弯曲点要放正。以保证弯曲后形状尺寸准确，扳口卡牢钢筋。起弯时用力要慢，防止扳手扳脱。结束时要稳，要掌握好弯曲位置，以免弯过头或没有弯到要求的角度。

▲【底层柱钢筋绑扎】

(1)在底板上画出柱边线，模板边线，便于柱插筋定位。

(2)柱、墙插铁绑扎前将轴线投设在上、下皮铁上，检查无误后在上、下皮铁上电焊固定箍筋，竖向插铁位置正确后将插铁与箍筋固定。

(3)待基础部分混凝土浇筑后，焊接底层柱钢筋，注意摆放位置。穿入柱箍筋，箍筋加密区和非加密区的位置要正确。

任务四　底层框架柱钢筋质量验收

▲【底层柱钢筋验收项目】

🔍 1. 钢筋进场检查程序、内容和要求

凡钢筋进场前，监理工程师应要求施工单位提前报拟进场时间、规格、数量、生产厂家，以便安排人员进行验收。钢筋进场时，要求施工单位必须出具产品合格证原件（复印件限制使用且必须盖公章）、产品备案证原件（复印件必须盖备案企业公章）、生产许可证编号，检验钢材生产厂家是否在当地政府有关部门发布的生产企业名录中，一经发现立即封存并按规定进行处理。

产品合格证应认真核对以下项目是否完整、准确。产品名称、型号与规格、牌号；生产日期、生产厂名、厂址、厂印及生产许可证编号；具有检验人员与检验单位证章和机械、化学性能规定的技术数据；采用的标准名称或代号；螺纹钢筋表面必须有标志和附带的标牌；一张合格证钢材总量不能超过 60 t（一个检验批）在检验产品合格证、备案证、生产许可证齐全后，进行外观检查，要求进场钢筋凡在车上有堆积成垛的必须全部卸车检验，并采取打捆抽检方法。

外观检查内容：钢筋表面有无产品标识（钢筋强度等级、厂家名称缩写、符号、钢筋规格），标识是否准确规范。钢筋外观有无颜色异常、锈蚀严重、规格实测超标、表面裂纹、重皮等。外观检验合格、证件符合要求、标识准确后，由见证取样人员监督施工单位取样员现场按规定取样，取样完成后与施工单位共同送至试验室进行复试，在接到检验合

格通知后(注：对不能马上出具合格报告的，应有临时报告方可予以进场，否则做好相关记录和标志予以清退)。

钢筋加工使用过程中应注意随时检查有无裂纹、脆断、焊接性能不良和机械性能显著不正常的现象，一经发现，立即进行处理，处理要求：该批钢筋立即予以封存；加倍抽检、复试或有必要时进行化学分析检验；如属个别现象，将有问题材料清退出场；若该批次问题严重，坚决予以清退，并做好记录。

2. 底层柱钢筋绑扎验收要求

钢筋工程安装后，工程质检人员应对钢筋进行检查，做好隐蔽验收。根据设计图，检查钢筋的种类、直径、根数、间距是否正确，特别要检查负筋位置是否准确；检查钢筋接头位置及搭接长度是否符合要求；绑扎是否牢固、有无松动脱扣现象，检查混凝土保护层是否符合要求。

由于钢筋偏位历来是工程施工中的质量通病，在施工中将采取在楼板模板上进行二次放线的方法，对墙、柱筋进重复校核，在浇筑混凝土前还要再次复核柱位置是否正确。

项目 3.2　标准层柱钢筋翻样与加工

项目提要

根据国家职业标准对钢筋工的技能要求，本项目主要讲述标准层柱钢筋识图、翻样、加工、绑扎等相关知识。

相关知识

1. 框架柱的平法识图
2. 框架柱钢筋的排布规则
3. 框架柱钢筋翻样计算的相关知识
4. 框架柱钢筋加工与安装
5. 框架柱检验相关规范

项目实施

3—2 标准层柱钢筋翻样与加工训练

项目目标

- 能根据实际结构施工图的要求，准确识读标准层柱配筋图；
- 能准确完成标准层柱钢筋的翻样计算，并编制钢筋下料单；
- 能正确完成标准层柱钢筋的绑扎加工，并保证尺寸精度；
- 培养学生团队协作的精神、严谨的工作作风及独立解决问题的能力。

任务一 准备工作

1. 学生准备工作

(1)11G101—1 系列图集。

(2)《混凝土结构工程施工质量验收规范》(GB 50204—2015)。

(3)钢筋翻样所需课本、试验手册、相关工量器具等。

(4)对前面讲的钢筋下料计算进行复习。

2. 教师准备工作

(1)学习任务单的制作。

(2)职业实践分析及学生情况分析。

(3)钢筋翻样多媒体资料。

(4)学生学习目标的制订。

(5)标准层柱钢筋翻样与加工的教学情境创设。

(6)教学用工量器具的准备。

(7)质量评分系统的建立。

任务二　标准层框架柱钢筋识图与翻样

▲【中间层框架柱平法识图】

中间框架柱的平法注写方式同底层柱，在此不再赘述。

▲【中间层框架柱纵向钢筋构造】

中间层框架柱柱纵向钢筋主要掌握钢筋的非连接区段和连接区段、钢筋连接的方法（图 3-2-1）图中采用的连接方法为绑扎连接，非连接区段长度为 $H_n/6$、h_c、500 三个数值的最大值。

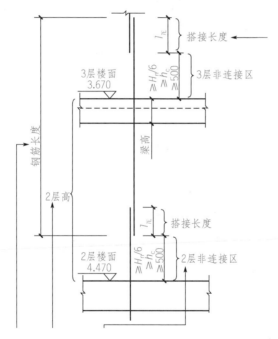

图 3-2-1　中间层柱纵筋构造图

中间层柱纵筋下料长度：

（1）绑扎连接：$L=$ 楼层高度 $+l_{lE}$

（2）焊接、机械连接：$L=$ 楼层高度

▲【中间层框架柱箍筋构造】

中间层框架柱箍筋的构造（详见 12G901—1 第 20 页），图中清楚地表示出箍筋加密区和非加密区的位置：加密区主要包括 3 个部分，分别为节点区、节点区上部、节点区下

部。注意节点区最上一组箍筋和最下一组箍筋的位置，图中标注的是距离梁混凝土边缘小于等于 50 mm，通常的做法是节点区最上一组箍筋在梁上部纵向钢筋的上方，节点区最下一组箍筋在梁纵向钢筋的下方。图中"柱净高最上一组箍筋"指的是从梁下部混凝土边缘向下 50 mm 的点，也是节点下方箍筋加密区的起点位置；"分界箍筋"指的是加密区与非加密区的分界，其位置为从梁下边缘混凝土向下 "h_c、$h_n/6$、500" 三者中的最大值。箍筋的根数及下料长度计算同底层柱。

问题思考 ➡ 箍筋加密区的位置和柱纵向钢筋非连接区的位置有关联吗？结合底层柱箍筋根数的计算方法列出中间层柱的箍筋根数计算公式。

▲【中层柱钢筋翻样实例】

位于江苏省淮安市××水岸工程中的商住楼，由淮安市××建设有限公司施工，该楼为四层框架结构局部五层，没有地下室，三层梁截面高度为 400 mm，柱采用混凝土强度等级为 C30，柱中钢筋保护层为 25 mm，钢筋连接的方式为机械连接。请对图 3-2-2 的二层柱进行钢筋翻样。

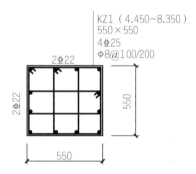

图 3-2-2 中间层柱钢筋配筋图

解：(1)识图：

1)此标注的方法为截面注写法。

2)集中标注：KZ1 表示柱的类型为框架柱，编号为 1 号。

3)集中标注：(4.450～8.350)表示该图画的柱范围从标高 4.450～8.350。

4)集中标注：550×550 表示柱的截面 b 一侧为 550 mm，h 一侧也为 550 mm。

5)集中标注：4 25 表示在柱的四个角部每个角点布置一根直径为 25 mm 的钢筋。

6)集中标注： 8@100/200 表示箍筋的直径为 8 mm，加密区间距为 100 mm，非加密区间距为 200 mm。

7)原位标注中 b 一侧和 h 一侧均标注为 2 22，表示在柱的截面 b 一侧和 h 一侧除角部都分别布置 2 22 的钢筋。

8)箍筋的类型为 4×4，如图 3-2-3 所示。

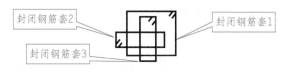

图 3-2-3　箍筋样式图

(2)柱纵筋翻样:

1)角部直径为 25 mm 的钢筋下料长度为 3 900 mm,根数为 4 根。

2)中部直径为 22 mm 的钢筋下料长度为 3 900 mm,根数为 8 根。

任务三　标准层框架柱钢筋绑扎与加工

▲▲【标准层框架柱钢筋绑扎与加工】

标准层框架柱钢筋的加工同前所述,在此不加重复讲述,主要讲述柱钢筋绑扎。

(1)工艺流程:放线→竖向钢筋纠偏→套柱箍筋→搭接绑扎竖向受力筋→画箍筋间距线→绑箍筋。

(2)标准层框架柱钢筋绑扎的施工要点。

1)按照图纸要求间距,计算好每根柱箍筋数量,先将箍筋套在下层伸出的主筋上,然后立柱子钢筋,用扳手连接柱子立筋。

2)柱筋按要求设置后,在其底板上口增设一道限位箍,保证柱钢筋的定位。柱筋上口设置一钢筋定位卡,保证柱筋位置准确。

3)当柱有变截面时,截面宽度之差与此处梁高 $b/a \leqslant 1/6$ 时,柱竖筋可弯折,否则柱筋要搭接绑扎,钢筋搭接长度为其最小锚固长度+梁高,并且柱钢筋垂直于墙面。下层柱钢筋上伸至梁柱接头处,弯折长度不小于 $10d$;上层钢筋下伸向入柱中,弯折长度不小于 $6d$。

4)柱纵向钢筋接头位置。柱纵向总同截面受力钢筋的接头数不宜多于总根数的 50%。柱第一道插筋离楼板距离为 $\geqslant 500$ mm,且 $\geqslant h_c$,且 $\geqslant H_n/6$(h_c 为柱截面长边尺寸,H_n 为所在楼层的柱净高)。柱纵向受力钢筋接头错开距离大于等于 $35d$,且不小于 500 mm。

5)柱箍筋绑扎。严格按箍筋钢筋下料及加工尺寸,加工时保证弯钩平行,平直长度不小于 $10d$,弯折 135°;当采用 HRB400 级钢筋时,箍筋弯折直径为 $4d$。箍筋接头错开设置。在立好的柱子主筋上,用粉笔画出箍筋间距,然后将已套好的箍筋往上移动,由上往下采用缠扣绑扎。

箍筋与主筋要垂直,箍筋转角与主筋交点均要绑扎,主筋与箍筋非转角部分的相交点成梅花交错绑扎。箍筋弯钩叠合处要沿柱子主筋交错布置绑扎。

6)箍筋加密区。柱箍筋加密区采用框架柱全高加密。柱箍筋加密应与梁筋绑扎同时进行。

7)附加钢筋。对于构件所有开洞处，均须按照设计要求，进行钢筋加强处理。

任务四 标准层框架柱质量验收

▲【标准层框架柱质量验收】

钢筋安装允许偏差和检验方法见表 3-2-1。

表 3-2-1 钢筋安装允许偏差和检验方法

序号	项 目		允许偏差值/mm	检查方法
1	绑扎钢筋骨架	宽、高	±5	尺 量
		长 度	±10	
2	纵向受力钢筋	间 距	±10	尺量两端、中间各一点，取最大偏差值
		排 距	±5	
3	绑扎箍筋、横向钢筋间距		±20	尺量连续三档，取最大偏差值
4	钢筋弯起点位置		±20	尺 量
5	纵向受力钢筋保护层厚度	基 础	±10	尺 量
		梁、柱	±5	
		墙、板、壳	±3	

项目 3.3 顶层柱钢筋翻样与加工

项目提要

根据国家职业标准对钢筋工的技能要求，本项目主要讲述顶层柱钢筋识图、翻样、加工等相关知识。

相关知识

1. 框架柱的平法识图
2. 框架柱钢筋的排布规则
3. 框架柱钢筋翻样计算的相关知识
4. 框架柱钢筋加工与安装
5. 框架柱检验相关规范

项目实施

3—3　顶层柱钢筋翻样与加工训练

项目目标

- 能根据实际结构施工图的要求，准确识读顶层柱配筋图；
- 能准确完成顶层柱钢筋的翻样计算，并编制钢筋下料单；
- 能正确完成顶层柱钢筋的绑扎加工，并保证尺寸精度；
- 培养学生团队协作的精神、严谨的工作作风及独立解决问题的能力。

任务一　准备工作

1. 学生准备工作

(1) 11G101—1 系列图集。

(2)《混凝土结构工程施工质量验收规范》(GB 50204—2015)。

(3) 钢筋翻样所需课本、试验手册、相关工量器具等。

(4) 对前面讲的钢筋下料计算进行复习。

2. 教师准备工作

(1) 学习任务单的制作。

(2) 职业实践分析及学生情况分析。

(3) 钢筋翻样多媒体资料。

(4) 学生学习目标的制订。

(5) 底层柱钢筋翻样与加工的教学情境创设。

（6）教学用工量器具的准备。

（7）质量评分系统的建立。

 问题思考 ➡ 顶层柱根据位置关系可以分成哪几种类型？顶层柱同屋面框架梁的连接方式与中间层有什么区别？

任务二 顶层柱钢筋识图与翻样

▲【顶层框架柱平法识图】

顶层框架柱的构造可分为顶层中间框架柱、顶层边柱和顶层角柱。

▲【顶层中间框架柱】

🔑 1. 顶层中间框架柱平法识图

顶层框架中柱的构造做法在 11G101—1 图集中分为抗震构造和非抗震构造，本任务主要讲述抗震构造。构造做法如图 3-3-1 所示，图集中明确指出根据条件正确选择构造形式。

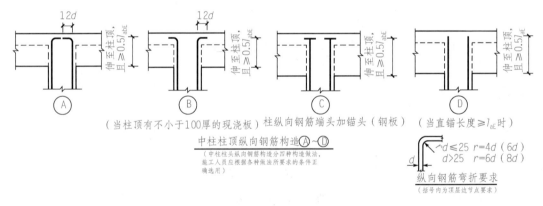

图 3-3-1 顶层框架中柱的构造做法

构造 A：条件为直锚长度≥$0.5l_{abE}$。如某工程中间顶层柱混凝土强度等级为 C30，钢筋为 HRB335 级直径为 25 mm，结构抗震等级为一级，屋面框架梁高为 600 mm，混凝土保护层厚度为 20 mm。判断是否可以选择构造 A。

判别：$0.5l_{abE}$＝$0.5×33d$＝$0.5×33×25$＝412.5＜600－20＝580 mm（l_{abE}见 11G101—1 第 53 页）。结论：可以选择构造 A。

构造 B：除满足构造 A 的条件外，还需要满足屋面板厚度大于 100 mm。如某工程中间顶层柱混凝土强度等级为 C30、钢筋为 HRB335 级，直径为 25 mm，结构抗震等级为一级，屋面框架梁高为 600 mm，混凝土保护层厚度为 20 mm，屋面板厚 120 mm。判断是否可以选择构造 B。

判别：$0.5l_{abE} = 0.5 \times 33d = 0.5 \times 33 \times 25 = 412.5 < 600 - 20 = 580$（mm）（$l_{abE}$ 见 11G101—1 第 53 页），且屋面板厚大于 100 mm。结论：可以选择构造 B。

构造 C：满足条件为直锚长度 $\geq 0.5l_{abE}$ 的前提下钢筋顶部加焊锚头。

构造 D：选用条件为直锚长度大于等于 l_{aE}。如某工程中间顶层柱混凝土强度等级为 C25，钢筋为 HRB335 级，直径为 20 mm，结构抗震等级为一级，屋面框架梁高为 800 mm，混凝土保护层厚度为 20 mm。判断是否可以选择构造 D。

判别：$l_{abE} = 33d = 33 \times 20 = 660$　$l_{aE} = 1.15\ l_{abE} = 1.15 \times 660 = 759 \not< 800 - 20 = 780$（mm）（$l_{abE}$ 见 11G101—1 第 53 页）。结论：可以选择构造 D。

2. 顶层中间框架柱钢筋翻样

构造 A、构造 B 钢筋翻样（直锚大于等于 $0.5l_{abE}$ 且小于 l_{aE}），如图 3-3-2 所示。

图 3-3-2　弯锚钢筋简图

通常采用焊接或机械连接，以焊接为例计算 L：

$$L = H_n - \max(H_n/6,\ h_c,\ 500) + (屋面梁高度 - 混凝土保护层厚度)$$

构造 D 钢筋翻样（直锚大于 l_{aE}），如图 3-3-3 所示：

图 3-3-3　直锚钢筋简图

通常采用焊接或机械连接，以焊接为例计算 L：

$$L = H_n - \max(H_n/6,\ h_c,\ 500) + (屋面梁高度 - 混凝土保护层厚度)$$

3. 顶层中间框架柱钢筋翻样实例

位于江苏省淮安市××水岸工程中的商住楼，由淮安市××建设有限公司施工，该楼为四层框架结构局部五层，没有地下室，五层梁截面高度为 600 mm，柱采用混凝土强度等级 C30，柱中钢筋保护层厚度为 20 mm，结构抗震等级为二级，钢筋连接的方式为焊接连接，现浇板厚为 80 mm，顶层柱净高 3 300 mm。请对图 3-3-4 的顶层中柱层柱进行钢筋翻样。

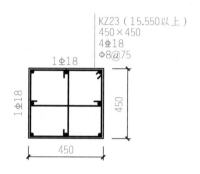

图 3-3-4　顶层柱钢筋配筋图

解： 判别柱顶的构造做法

$0.5l_{abE}=0.5×33×18=297(mm)$

$l_{aE}=1.15×33×18=683.1(mm)$

梁截面高度 600 mm

$600-20=580(mm)$　　$297<580<683.1$ 且板厚 80 mm 小于 100 mm，所以选择构造 A。

钢筋下料长度 $=12d+L=12d+H_n-\max(H_n/6，h_c，500)+$（屋面梁高度－混凝土保护层厚度）$-2d=12×18+3\ 300-\max(3\ 300/6，450，500)+600-20=4\ 646(mm)$

▲【顶层框架角柱】

1. 顶层角部框架柱纵筋构造识图

顶层角部框架的构造做法在 11G101—1 中分为抗震构造和非抗震构造，在此主要讲述抗震构造。图集中明确指出选用哪种构造形式根据条件正确选择。在 11G101—1 给出了 5 种构造做法并做出了一定的说明，构造做法如图 3-3-5 所示。

构造 A：主要用于柱外侧钢筋的直径不小于梁上部钢筋的直径可以将柱外侧钢筋向梁内弯折，作为梁上部钢筋。

构造 B 和构造 C：两种做法一致，区别在于从梁底算起 $1.5l_{abE}$ 是否超出柱的范围，如果没有超出范围还需要满足弯折的水平部分大于等于 $15d$。值得注意的是，当柱外侧配筋

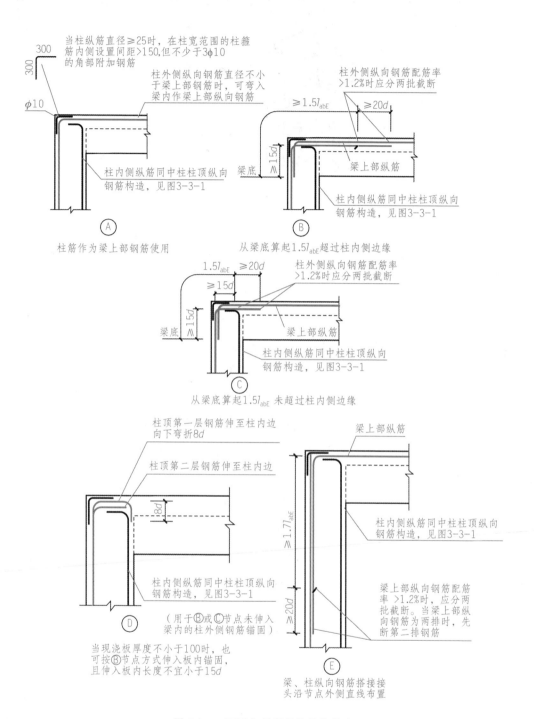

图 3-3-5　顶层角部框架的构造做法

率大于 1.2% 时需要分批截断，具体如图 3-3-6 所示。

构造 D：用于当现浇板厚度小于 100 mm 时超过梁宽度范围的柱外侧纵筋，梁顶第一层伸至柱内边向下弯折 $8d$，柱顶第二层伸至柱内边。

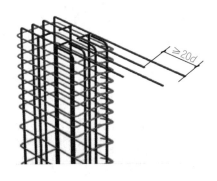

图 3-3-6　分批阶段示意图

　　构造 E：主要是将梁的上部钢筋锚固到柱中。注意梁上部钢筋锚固的长度为 $1.7l_{abE}$。图集中同时说明构造 A、B、C、D 应该配合使用，节点 D 不能单独使用（仅用于未伸入梁内的柱外侧纵向钢筋的构造做法），伸入梁内的柱外侧纵筋不宜少于柱外侧全部纵筋面积的 65％，可选择 B＋D 或 C＋D 或 A＋B＋D 或 A＋C＋D 的做法；节点 E 用于梁柱纵向钢筋接头沿节点柱顶外侧直线布置的情况，可与构造 A 配合使用。

　　11G11—1 图集中关于角部柱梁框架节点的构造做法讲述的并不够详尽，通过对 12G901—1 图集的研读便很清楚。在此摘取了部分供大家学习，如图 3-3-7 所示。

　　框架顶层端节点构造（一）将梁上部钢筋锚固到柱中，锚固的长度为 $1.7l_{abE}$，尤其值得注意的是，柱外侧纵筋的构造做法，在 11G101 上不足之处在此做出准确的解释：柱外侧钢筋伸至柱顶后截断。

　　框架顶层端节点构造（二）讲述的是将柱外侧钢筋锚固到梁内，适用条件是现浇板的厚度小于 100 mm。超出梁范围的柱外侧钢筋分两层在柱内弯折。

　　框架顶层端节点构造（三）讲述的是将柱外侧钢筋锚固到梁内，适用条件是现浇板的厚度大于 100 mm。构造（二）和构造（三）的适用条件是柱外侧纵筋配筋率小于 1.2％，若超过应按图 3-3-8 执行。

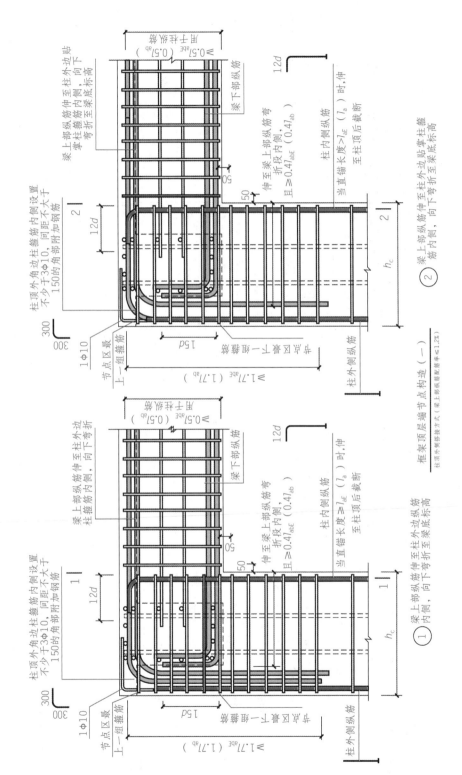

图 3-3-7　角部柱梁框架节点的构造做法

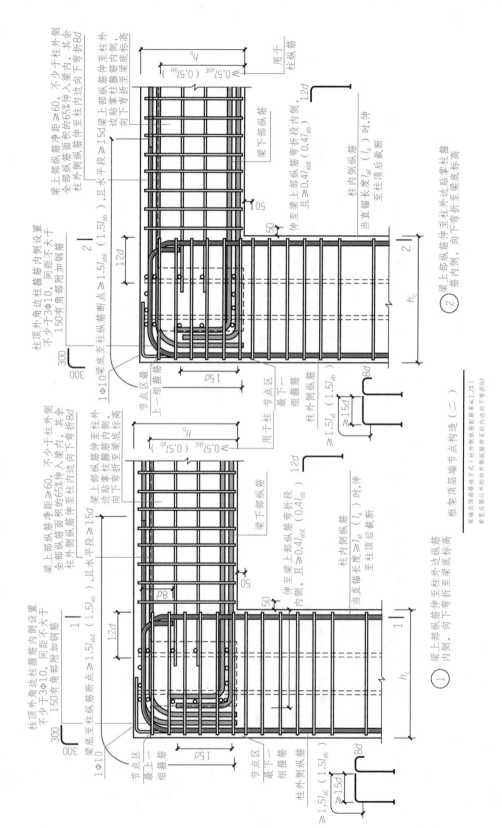

图 3-3-7 角部柱梁框架节点的构造做法（续）

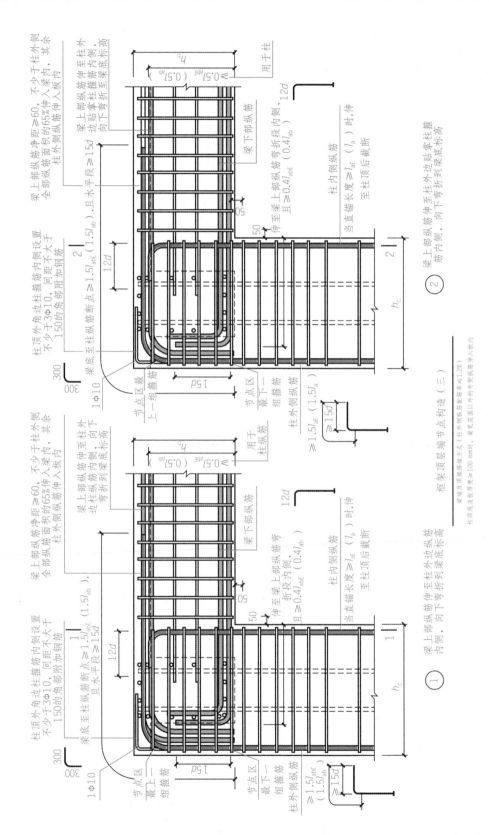

图 3-3-7　角部柱梁框架节点的构造做法（续）

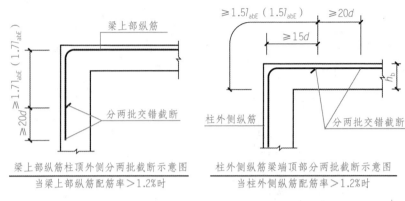

图 3-3-8 柱外侧纵筋配筋率大于 1.2%纵筋分批截断示意图

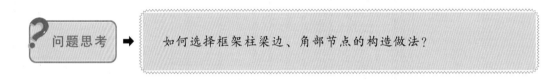

如何选择框架柱梁边、角部节点的构造做法？

2. 顶层角部框架柱钢筋翻样

以图 3-3-9 所示构造为例，讲述顶层边柱、角柱钢筋下料计算，假设钢筋连接为绑扎搭接（焊接和机械连接计算方法类似）。

(1)根据前述 1 号钢筋因为同一连接区段的问题有两种形式，为便于说明称其为长筋和短筋。

长筋：

纵筋下料长度＝H（顶层层高）－l_{lE}（顶层非连接区）－h_1（梁高）＋$\max$(1.5 锚固长度，65%，15d)－2d（90°角弯曲调整值）

短筋：

纵筋下料长度＝H（顶层层高）－l_{lE}（顶层非连接区）－h_1（梁高）＋$\max$(1.5 锚固长度，65%，15d)－1.3l_{lE}（同一连接区段长度）－2d（90°角弯曲调整值）

(2)根据前述 2 号钢筋因为同一连接区段的问题也有两种形式，为便于说明我们称为长筋和短筋。

长筋：

纵筋下料长度＝H（顶层层高）－l_{lE}（顶层非连接区）－柱钢筋保护层＋柱宽－2×保护层＋8d－4d（90°弯钩弯曲调整值）

短筋：

纵筋下料长度＝H（顶层层高）－l_{lE}（顶层非连接区）－柱钢筋保护层＋柱宽－2×c（柱钢筋保护层）＋8d－4d（90°弯钩弯曲调整值）－1.3l_{lE}（同一连接区段长度）

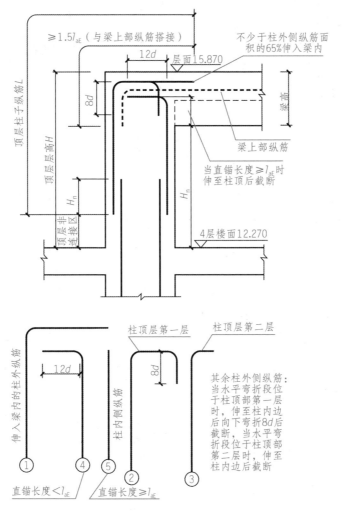

图 3-3-9　顶层边柱、角柱钢筋构造示意图

（3）3 号纵筋下料长度。

长筋：

纵筋下料长度＝H（顶层层高）－l_{lE}（顶层非连接区）＋h（沿框架方向柱截面尺寸）－$2d$（90°弯钩弯曲调整值）

短筋：

纵筋下料长度＝H（顶层层高）－l_{lE}（顶层非连接区）＋h（沿框架方向柱截面尺寸）－$2d$（90°弯钩弯曲调整值）－$1.3l_{lE}$（同一连接区段长度）

（4）4 号钢筋下料长度（柱内侧钢筋）。

长筋：

纵筋下料长度＝H（顶层层高）－l_{lE}（顶层非连接区）－c（柱钢筋保护层）＋$12d$－$2d$（90°弯钩弯曲调整值）

短筋：

纵筋下料长度＝H（顶层层高）－l_{lE}（顶层非连接区）－c（柱钢筋保护层）＋12d－2d（90°弯钩弯曲调整值）－1.3l_{lE}（同一连接区段长度）

（5）5 号钢筋下料长度计算。

长筋：

纵筋下料长度＝H（顶层层高）－l_{lE}（顶层非连接区）

短筋：

纵筋下料长度＝H（顶层层高）－l_{lE}（顶层非连接区）－1.3l_{lE}（同一连接区段长度）

说明：①非连接区段为 $H_n/6$，h_c，500 三者取大值；②当柱外侧纵筋配筋率大于 1.2％时 1 号钢筋应该分批截断，需要延长 20d 的钢筋下料长度在 1 号钢筋下料长度的基础上增加 20d。

▲【顶层框架柱钢筋箍筋构造】

顶层柱箍筋也分为加密区和非加密区，具体分布如图 3-3-10 所示。顶层框架柱楼面部分加密区同底层柱加密区一致。屋顶部分有两个加密区位置，加密区的范围为：柱长边尺寸、$H_n/6$、500 三个数值中的最大值。

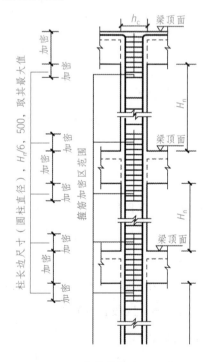

图 3-3-10　柱箍筋加密区位置图

前述为加密区和非加密区的位置，柱顶部箍筋的具体排布如图 3-3-11 所示，在图上详细表明了箍筋的位置，节点下方第一组箍筋从梁混凝土边缘向下 50 mm，该组箍筋也是柱中加密区箍筋的位置。柱梁节点中最下一组箍筋在梁纵向钢筋的下方，最上一组箍筋在梁上部纵向钢筋的下方，在两组箍筋也是柱梁节点加密区界限箍筋。箍筋根数计算同底层柱，在此不再重复。

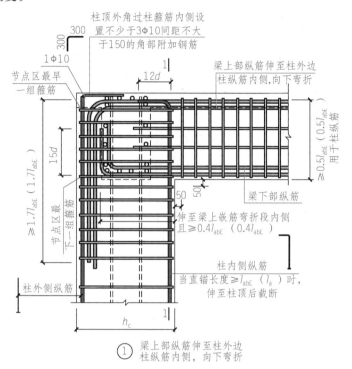

图 3-3-11　柱顶部箍筋具体排布图

▲【顶层框架柱钢筋翻样实例】

如图 3-3-12 所示为某房屋的顶层结构平面图，已知板厚均为 100 mm，图中所示框架梁宽均为 300 mm，梁上部钢筋直径均为 18 mm，梁高见结构楼层信息表。该结构板混凝土强度等级均为 C30，梁混凝土强度等级均为 C30，柱混凝土强度等级均为 C35。该结构基础为独立基础，混凝土强度等级为 C35。一类环境，抗震等级为三级，其他相关信息见结构楼层信息表（表 3-3-1）和柱表（表 3-3-2）。试对 KZ1 顶层柱进行钢筋翻样计算。

表 3-3-1　结构楼层信息表

层号	顶标高/m	层高/m	梁高/mm
3	11.4	3.6	该层梁高均为 650
2	7.8	3.6	该层梁高均为 600
1	4.2	4.2	该层梁高均为 650
基础	基础顶标高均为 −1.000	—	基础厚度均为 600

表 3-3-2 柱表

柱号	标高	$b \times h$	b_1	b_2	h_1	h_2	全部纵筋	角筋	b 边一侧中部筋	h 边一侧中部筋
KZ1	$-1.00 \sim 11.4$	300×300	150	150	150	150		4 22	2 20	2 20
KZ2	$-1.00 \sim 11.4$	300×300	150	150	150	150		4 22	2 18	2 18
KZ3	$-1.00 \sim 11.4$	300×300	150	150	150	150	12 20			

柱号	箍筋型号	箍筋	箍筋复合形式
KZ1	4×4	10@100/200	
KZ2	4×4	10@100/200	
KZ3	4×4	10@100/200	

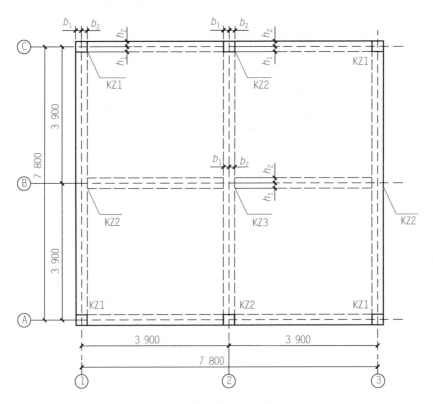

图 3-3-12 某房屋的顶层结构平面图

解：根据图 3-3-12 所示，KZ1 为角柱。

(1)柱梁角节点按框架顶层端节点构造(三)施工，详见图 3-3-5。

(2)根据题意有 4 根钢筋锚入 WKL1，有 3 根钢筋锚入 WKL2。

(3)$1.5 l_{abE} = 28d = 1.5 \times 28 \times 22 = 924 \text{(mm)}$，$924 - [650 - 20(混凝土保护层厚度)] = 294 \text{ mm} < 300 \text{ mm}$。因此，直径为 22 mm 的钢筋做法如图 3-3-13 所示。直径为 20 mm 的

外侧钢筋如图 3-3-14 所示。

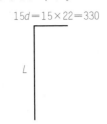

$15d=15\times22=330$

L

图 3-3-13　直径为 22 mm 钢筋做法

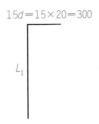

$15d=15\times20=300$

L_1

图 3-3-14　直径为 20 mm 外侧钢筋做法

（4）假设柱纵筋连接的方式为焊接。

钢筋非连接区段为：$H_n/6$、500、h_c 取大值，即（3 600－650）/6＝491、500、300 三个数中的最大值即为 500 mm

长筋 $L=H_n-500-20=3\ 600-500-20=3\ 080$（mm）

短筋 $L_1=H_n-500-20-$（500，35×20）中的最大值＝3 600－500－20－（500，35×22）中的最大值＝2 310（mm）

短筋 $L_2=H_n-500-20-$（500，35×20）中的最大值＝3 600－500－20－（500，35×20）中的最大值＝2 380（mm）

（5）柱外侧钢筋下料长度。

直径为 22 的钢筋

长筋＝3 080＋330－2×22＝3 366（mm）

短筋＝2 310＋330－2×22＝2 596（mm）

直径为 20 的外侧钢筋

长筋＝3 080＋300－2×20＝3 340（mm）

短筋＝2 380＋300－2×20＝2 640（mm）

（6）柱内侧纵向钢筋。

直径为 22 mm 的钢筋做法如图 3-3-15 所示，直径为 20 mm 的钢筋做法如图 3-3-16 所示。

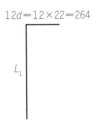

$12d=12\times22=264$

L_1

图 3-3-15　直径为 22 mm 的钢筋做法

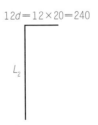

$12d=12\times20=240$

L_2

图 3-3-16　直径为 20 mm 的钢筋做法

L_1 长筋同外侧钢筋＝3 080 mm，下料长度＝3 080＋264－2×22＝3 300（mm）

L_1 短筋同外侧钢筋＝2 310 mm，下料长度＝2 310＋264－2×22＝2 530（mm）

L_2 长筋同外侧钢筋＝3 080 mm，下料长度＝3 080＋240－2×20＝3 280（mm）

L_2 短筋同外侧钢筋＝2 380 mm，下料长度＝2 380＋240－2×20＝2 580(mm)

(7)箍筋下料计算。

1)柱箍筋的形式及尺寸如图 3-3-17 所示。

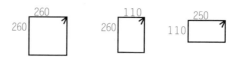

图 3-3-17　柱箍筋的形式及尺寸

2)箍筋的下料长度。

①第一种箍筋下料长度：260×4＋25.1×10＝1 291(mm)

②第二种箍筋下料长度：(110＋260)×2＋25.1×10＝991(mm)

③第三种箍筋下料长度：(110＋260)×2＋25.1×10＝991(mm)

3)箍筋的组数。

①屋面梁加密区组数：650(屋面梁梁高)－20(柱顶部钢筋保护层厚度)－18(梁上部钢筋直径)－20(梁底部钢筋保护层厚度)＝592(mm)

592/100＋1＝6.92　取整 7 组

②屋面梁下加密区箍筋组数：

加密区为：h_c、$H_n/6$、500 mm 三者中的最大值，即 300、491、500 中的最大值。

(500－50)/100＋1＝5.5　取整 6 组

③二层楼面梁向上加密区箍筋组数：

同屋面梁下加密区箍筋组数为 6 组。

④中间非加密区箍筋的组数：

(3 600－650－500－500)/200－1＝8.75　取整 9 组

⑤箍筋组数为：7＋6＋9＝22(组)

拓展练习

根据顶层框架柱钢筋翻样实例给出的相关环境描述，结合图 3-3-12，对图中的 KZ2 与 KZ3 的钢筋进行翻样。

任务三　框架柱钢筋加工

▲【框架柱钢筋加工】

(1)工艺流程：竖向受力筋连接→画箍筋间距线→套柱箍筋→绑箍筋。

（2）向受力钢筋的连接方式必须符合设计要求。

（3）画箍筋间距线：在立好的柱子竖向钢筋上，按图纸要求用粉笔画箍筋间距线。

（4）套柱箍筋：按图纸要求间距，计算好每根柱箍筋数量，先将箍筋套在下层伸的搭接筋上，然后立柱子钢筋，在搭接长度内，绑扣不少于 3 个，绑扣要向柱中心。如果柱子主筋采用光圆钢筋搭接时，角部弯钩应与模板成 45°，中间钢筋的弯钩应与模板成 90°角。

（5）柱箍筋绑扎。

1）按已划好箍筋位置线，将已套好的箍筋往上移动，由上往下绑扎，宜采用缠扣绑扎。

2）箍筋与主筋要垂直，箍筋转角处与主筋交点均要绑扎，主筋与箍筋非转角部分的相交点成梅花交错绑扎。

3）箍筋的弯钩叠合处应沿柱子竖筋交错布置，并绑扎牢固。

4）有抗震要求的地区，柱箍筋端头应弯成 135°，平直部分长度不小于 $10d$（d 为箍筋直径）。如箍筋采用 90°搭接，搭接处应焊接，焊缝长度单面焊缝不小于 $5d$。

任务四 顶层框架柱钢筋质量验收

▲【顶层框架柱钢筋质量验收】

顶层柱钢筋进场验收同底层柱钢筋验收所述，此处重点强调几点：

（1）节点的做法选择是否正确，选择的依据是否充分。

（2）钢筋锚固长度是否按规范要求预留。

（3）柱角部是否按要求安放附加钢筋。

第 4 章

梁　篇

项目4.1　楼层框架梁翻样与加工

项目提要

　　根据国家职业标准对钢筋工的技能要求，本项目主要讲述楼层框架梁平法识图、楼层框架梁钢筋的排布规则、楼层框架梁钢筋翻样计算等相关知识。

相关知识

　　1. 楼层框架梁的平法识图
　　2. 楼层框架梁钢筋的排布规则
　　3. 楼层框架梁钢筋翻样计算的相关知识
　　4. 楼层框架梁钢筋加工与安装
　　5. 钢筋工程检验相关规范

项目实施

4—1　楼层框架梁翻样与加工训练

项目目标
- 能根据实际结构施工图的要求，准确识读楼层框架梁配筋图；
- 能准确完成楼层框架梁钢筋的翻样计算，并形成钢筋下料单；
- 能正确完成楼层框架梁钢筋的绑扎加工，并保证尺寸精度；
- 培养学生团队协作的精神、严谨的工作作风及独立解决问题的能力。

任务一　准备工作

1. 学生准备工作

(1)楼层框架梁钢筋翻样与加工的微视频和网络资源等的学习。

(2)讨论完成分组，小组合作进行角色分配和扮演(班组长、预算员、施工员、质检员等)。

(3)楼层框架梁钢筋翻样所需图纸、图集和相关学习资料。

(4)结合 11G101 系列图集和《混凝土结构工程施工质量验收规范》(GB 50204—2015)等标准和规范，认真熟悉图纸，研读任务单并严格执行国家标准和施工规范尝试进行楼层框架梁钢筋翻样，了解楼层框架梁钢筋加工工艺。

(5)钢筋加工在教学实训场地进行，根据实训场地实际情况及工程量需要准备钢筋加工机械及数量，按任务单进行钢筋备料。

(6)完成楼层框架梁钢筋翻样与加工的实训手册中的储备任务。

2. 教师准备工作

(1)楼层框架梁钢筋翻样与加工 PPT、网络资料、微视频等。

(2)职业实践分析及学情分析。

(3)制订教学目标。

(4)制作学习任务单。

(5)布置教学实训场地，创设楼层框架梁钢筋翻样与加工的教学情境。

(6)建立教学评价方式和学习效果考核制度。

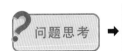 问题思考 ➡ 　　在进行楼层框架梁钢筋翻样与加工时，楼层框架梁下部纵筋不伸入支座如何翻样？中间支座上部直筋如何加工下料？在对其进行钢筋绑扎时需要特别注意什么问题？

任务二　楼层框架梁钢筋识图与翻样

▲▲【楼层框架梁平法识图】

1. 梁平法施工图的表示方法

平面注写方式是在梁平法布置图上，分别在不同编号的梁中各选一根梁，在其上注写截面尺寸和配筋具体数的方式表达梁平法施工图。

平面注写包括集中标注和原位标注。集中标注表达梁的通用数值；原位标注表达梁的特殊数值。当集中标注中的某项数值不适用于梁的某部位时，则将该项数值原位标注。施工时，原位标注取值优先。

在平法施工图中，各类型的梁应按照表 4-1-1 进行编号。同时，梁编号由梁类型、代号、序号、跨数及有无悬挑代号几项组成。

表 4-1-1　梁编号

梁类型	代号	序号	跨数及是否带有悬挑
楼层框架梁	KL	××	(××)、(××A)或(××B)
屋面框架梁	WKL	××	(××)、(××A)或(××B)
框支梁	KZL	××	(××)、(××A)或(××B)
非框架梁	L	××	(××)、(××A)或(××B)
悬挑梁	XL	××	
井字梁	JZL	××	(××)、(××A)或(××B)
注：(××A)为一端有悬挑，(××B)为两端有悬挑，悬挑不计入跨数。			

例：KL7(5A)表示第 7 号框架梁，5 跨，一端有悬挑；

L9(7B)表示第 9 号非框架梁，7 跨，两端有悬挑；

JZL1(8)表示第 1 号井字梁，8 跨，无悬挑。

2. 梁平面的注写方式

(1)平面注写方式集中标注的具体内容。

梁集中标注内容为六项，其中前五项为必注值，如图 4-1-2 所示。

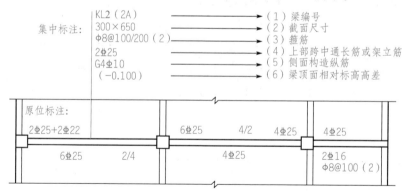

图 4-1-2　框架梁集中标注

1)梁编号。注写梁编号，该项为必注值。其中对于井字梁，编号中关于跨数的规定详见后叙相关内容。梁编号带有注在"( )"内的梁跨数及有无悬挑信息。应注意，当有悬挑端时，无论悬挑多长均不计入跨数。

2)截面尺寸。注写梁截面尺寸，该项为必须值。当为等截面梁时，用 $b \times h$ 表示，其中 b 为梁宽，h 为梁高；当为竖向加腋梁时，用 $b \times h \ \mathrm{GY} c_1 \times c_2$ 表示，其中 c_1 为腋长，c_2 为腋高，如图 4-1-3 所示。

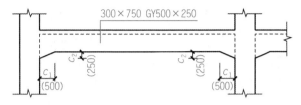

图 4-1-3　加腋梁截面尺寸注写示意图

当为悬挑梁且根部和端部的高度不同时，用斜线分隔根部与端部的高度值，即为 $b \times h_1/h_2$，其中 h_1 为梁根部较大高度值，h_2 为梁根部较小高度值，如图 4-1-4 所示。

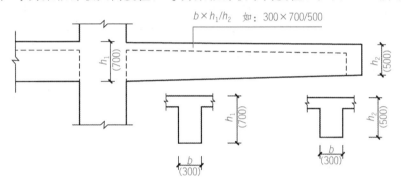

图 4-1-4　悬挑梁不等高截面尺寸注写示意图

3)箍筋。注写梁箍筋，该项为必注值。梁箍筋包括钢筋级别、直径、加密区与非加密区间距及肢数。当加密区与非加密区的箍筋肢数相同时，则将肢数注写一次；箍筋肢数应写在括号内。加密区范围详见相应抗震级别的标准构造详图。

当为抗震箍筋时，加密区与非加密区用"/"分隔，箍筋的肢数注在"（ ）"内。例如：10@100/200(2)表示箍筋强度等级为 HPB300，直径为 10，抗震加密区间距为 100 mm，非加密区间距为 200 mm，均为双肢箍；8@100(4)/150(3)表示箍筋强度等级为 HPB300，直径为 8，抗震加密区间距为 100 mm，采用四肢箍，非加密区间距为 150 mm，采用三肢箍。

当为非抗震箍筋，且在同一跨度内采用不同间距或肢数时，梁端与跨中部位的箍筋配置用"/"分开，箍筋的肢数注在"（ ）"内，其中近梁端的箍筋应注明道数（与间距配合自然确定了配筋范围）。例如，9 10@150/200(2)表示箍筋强度等级为 HPB300，直径为 10，两端各有 9 个双肢箍，间距 150 mm，梁跨中间部分间距为 200 mm，为两肢箍；18 12@150(4)/200(2)表示箍筋强度等级为 HPB300 直径为 12，梁两端各为 18 个四肢箍，间距为 150 mm，梁跨中间部分为 200 mm，为双肢箍。

4)上部跨中通长筋或架立筋配置（通长筋可为相同或不同直径采用搭接连接、机械连接或对焊连接的钢筋），该项为必注值。所注规格与根数应根据结构受力要求及箍筋肢数等构造要求而定。当同排纵筋中既有通长筋又有架立筋时，应用加号"+"将通长筋和架立筋相联。注写时须将角部纵筋写在加号的前面，架立筋写在加号后面的括号内，以示不同直径及与通长筋的区别。当全部采用架立筋时，则将其写入括号内。例如：2 22用于双肢箍；2 22＋(4 12)用于六肢箍，其中2 22为通长筋，4 12为架立筋。

当梁的上部纵筋和下部纵筋为全跨相同，且多数跨配筋相同时，此项可加注下部纵筋的配筋值，用分号";"将上部与下部中间的配筋值分隔开来，少数跨不同者，按照图集规定：当集中标注的某项数值不适用于梁的某部位时，则将该项数值原位标注，施工时，原位标注取之优先。例如：3 22；3 20表示梁的上部配筋为3 22的通长筋，梁的下部配置3 20的通长筋。

5)梁侧面纵向构造钢筋或受扭钢筋配置，该项为必注值。

梁侧面构造纵筋以G开头，梁侧面受扭钢筋以N开头注写两个侧面的总配筋值。

梁腹板高度h_w≥450 mm时，梁侧面须配置纵向构造钢筋，所注规格与总根数应符合规范规定。当梁侧面配置受扭纵筋时，宜同时满足梁侧面纵向构造钢筋的间距要求，且不再重复配置纵向构造钢筋。例如：N6 22表示共配置6根强度等级HRB400、直径22 mm的受扭纵筋，梁每侧各配置3根；G6 22表示共配置6根强度等级HRB400、直径22 mm的构造钢筋，梁每侧各配置3根。

6)梁顶面相对标高高差，该项为选注值。

梁顶面标高高差是指相对于结构层楼面标高的高差值。对于位于结构夹层的梁，则指相对于结构夹层楼面标高的高差。有高差时，须将其写入括号内；无高差时，不注。当某梁的顶面高于所在结构层的楼面标高时，其标高高差为正值；反之，为负值。

例如：某结构层的楼面标高为44.950 mm和48.250 mm，当某梁的顶面标高高差注写为(－0.050)时，即表明该梁顶面注写标高分别相对于44.950 m和48.250 m低0.050 m。

(2)梁平面注写方式原位标注的具体内容。梁原位标注内容为四项：梁支座上部纵筋；梁下部纵筋；附加箍筋或吊筋；修正集中标注某项或某几项不适用于本跨的内容，如图4-1-5所示。

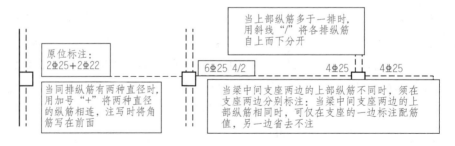

图 4-1-5　梁的原位标注

1)注写梁支座上部纵筋。当集中标注的梁上部跨中抗震通长筋直径相同时，跨中通长筋实际为该跨两端支座的角筋延伸到跨中1/3净跨范围内搭接形成；当集中标注的梁上部跨中通长筋直径与该部位角筋直径不同时，跨中直径较小的通长筋分别与该跨两端支座的角筋搭接完成抗震通长筋受力功能。

当梁支座上部纵筋多于一排时，用"/"将各排纵筋自上而下分开。

例如：6 22 4/2 表示上一排纵筋为 4 22，下一排纵筋为 2 22。

当同排纵筋有两种直径时，用"＋"将两种直径的纵筋相联，并将角部纵筋注写在前面。例如：2 25＋2 22 表示梁支座上部有 4 根纵筋，2 25 放在角部，2 22 放在中部。

当梁支座两边的上部纵筋不同时，须在支座两边分别标注；当梁支座两边的上部纵筋相同时，可仅在支座一边标注配筋值，另一边省去不注。

当两大跨中间为小跨，且小跨净尺寸小于左、右两大跨净跨尺寸之和的 1/3 时，小跨上部纵筋采取贯通全跨方式，此时应将贯通小跨的纵筋注写在小跨中间，如图 4-1-6 所示。

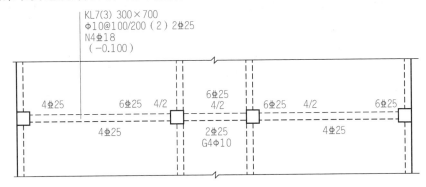

图 4-1-6　大小跨梁的平面注写示意图

2）注写梁下部纵筋。

①当梁下部纵筋多于一排时，用"/"将各排纵筋自上而下分开。

例如：6 25 2/4 表示上一排纵筋为 2 25，下一排纵筋为 4 25，全部伸入支座。

②当同排纵筋有两种直径时，用"＋"将两种纵筋相联，注写时角筋写在前面。

例如：2 22＋2 20 表示梁下部有四根纵筋，2 22 放在角部，2 20 放在中部。

③当下部纵筋不全部伸入支座时，将减少的数量写在括号内。

例如：6 25 2(－2)/4 表示上排纵筋为 2 25 均不伸入支座，下排纵筋为 4 25 全部伸入支座。又如：2 25＋3 22(－3)/5 25 表示上排纵筋为 2 25 加 3 22，其中 3 22 不伸入支座；下排纵筋为 5 25 全部伸入支座。

④当在梁集中标注中已在梁上部通长纵筋或架立筋配置的规定分别注写梁上部和下部均为通长纵筋值时，则不需在梁下部重复做原位标注。

3）注写附加箍筋或吊筋。直接将附加箍筋或吊筋画在平面图中的主梁上（附加箍筋的肢数注在括号内），如图 4-1-7 所示，当多数附加箍筋或吊筋相同时，可在梁平法施工图上统一注明，少数与统一注明值不同时，再原位引注。应注意：附加箍筋或吊筋的几何尺寸应按照标准构造详图，结合其所在位置的主梁和次梁的截面尺寸而定。

4）井字梁的平面注写方式。井字梁通常由非框架梁构成，并以框架梁为支座或以专门

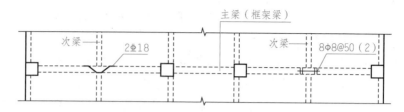

图 4-1-7 附加箍筋和吊筋的表达

设置的非框架大梁为支座。在此情况下，为明确区分井字梁与框架梁或作为井字梁支座的其他类型梁，在梁平法施工图中，井字梁用单粗虚线表示，作为井字梁支座的框架梁或其他大梁仍采用双细虚线表示(当作为梁顶面高处板面时可用双实细线表示)。

井字梁分布范围称为"矩形平面网格区域"(简称"网格区域")。在由四根框架梁或其他大梁围起的一片网格区域中的两向井字梁各为一跨；当有多片网格区域相连时，贯通 n 片网格区域的井字梁为 n 跨，且相邻两片网格区域的分界梁即为该井字梁的中间支座。井字梁编号注写的跨数为其支座总数减 1，如图 4-1-8 所示。在该梁的任意两个支座之间，无论有几根井字梁与其相交，均不作为支座。井字梁的端部支座和中间支座上部纵筋的延伸长度 a_0 值，应由设计者在原位标注具体数值予以注明。

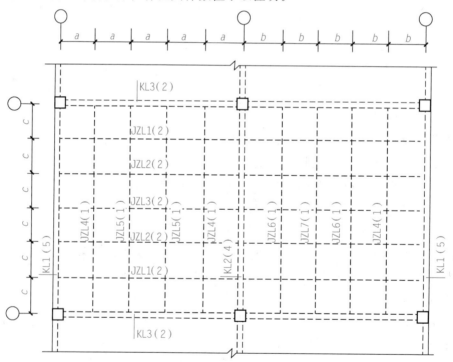

图 4-1-8 井字梁跨数注写示意图

当采用平面注写方式时，则在原位标注的支座上部纵筋后面括号内加注具体延伸长度值，如图 4-1-9 所示。

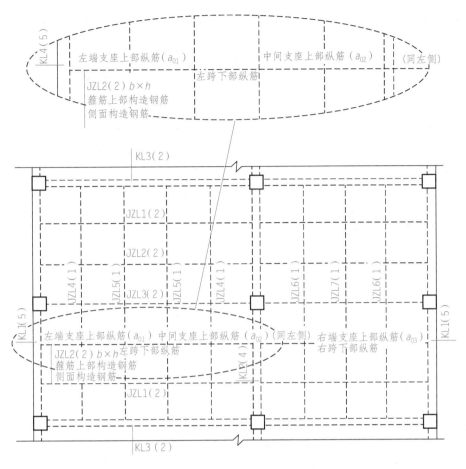

图 4-1-9 井字梁延伸长度注写示意图

注：本图仅示意井字梁的注写方法，未说明截面几何尺寸 $b \times h$，

支座上部纵筋伸长度 $a_{01} \sim a_{03}$，以及纵筋与箍筋的具体数值。

3. 截面注写方式

截面注写方式，是在分标准层绘制的梁平面布置图上，分别在不同编号的梁中各选择一根梁用剖面符号引出配筋图，并在其上注写截面尺寸具体数值的方式来表达梁平法施工图，如图 4-1-10 所示。

对所有的梁按表 4-1-1 的规定进行编号，从相同编号的梁选择一根梁，现将"单边截面号"画在该梁上，再将截面配筋详图画在本图或其他图上。当某梁的顶面标高与结构层的楼面标高不同时，应在其梁编号后面注写梁顶面标高差（注写方式与平面注写方式相同）。

截面注写方式既可以单独使用，也可以与平面注写方式结合使用。在梁平法施工图的平面图中，当局部区域的梁布置过密时，除采用截面注写方式表达外，也可以采用将过密区用虚线框出，适当放大比例后再用平面注写方式表示。当表达异形截面梁的尺寸与配筋时，用截面注写方式比较方便。

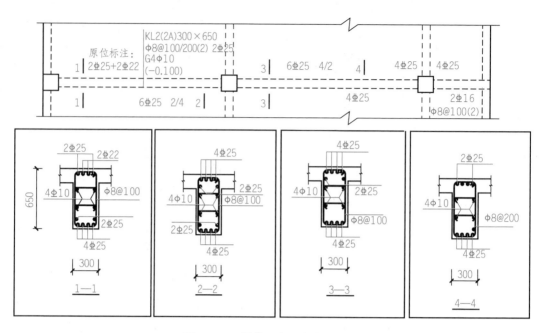

图 4-1-10　梁截面注写方式示意图

▲▲【楼层框架梁排布筋原则】

1. 楼层框架梁纵向钢筋排布规则

一、二级抗震等级楼层框架梁 KL 钢筋排布如图 4-1-11 所示。

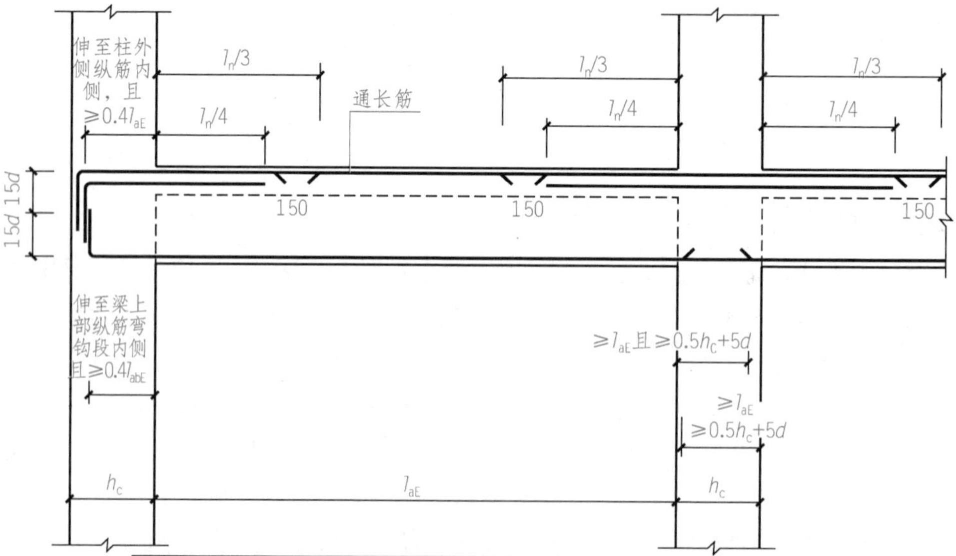

左右支座锚固长度判断		
取大值	l_{aE}	
	$0.4l_{aE}+5d$	
	支座宽−保护层+弯折$15d$	

图 4-1-11　楼层框架梁纵向钢筋

(1)l_n 为跨度值；l_{n1} 为第一跨；l_{n2} 为第二跨。

(2)有悬挑端的楼层框架梁，其悬挑部分的钢筋排布如图 4-1-4 所示。

(3)图 4-1-11 中 h_c 为柱截面沿框架方向的高度。

(4)l_{aE} 取值见图集 11G101—1。

(5)当梁上部既有通长筋又有架立筋时，其中架立筋的搭接长度为 150 mm。

2. 不伸入支座的梁下部纵向钢筋排布规则

不伸入支座的梁下部纵向钢筋断点位置钢筋排布如图 4-1-12 所示。

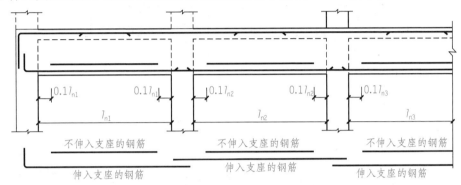

图 4-1-12　不伸入支座的梁下部纵向钢筋

注：①本图构造不适用于框支梁。

②伸入支座的梁下部纵向钢筋锚固构造见图集 11G101—1。

3. 框架梁 KL 中间支座纵向钢筋排布规则

框架梁 KL 中间支座纵向钢筋排布规则，如图 4-1-13 所示。

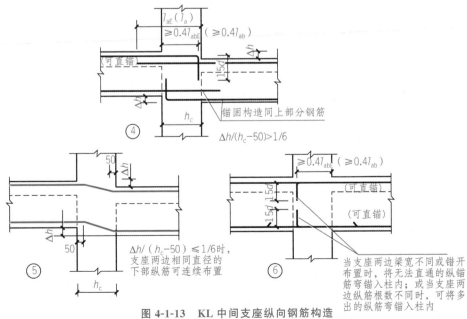

图 4-1-13　KL 中间支座纵向钢筋构造

（节点④～⑥）

注：①括号内为非抗震梁纵筋的锚固长度。

②当屋面框架梁为抗震梁，楼层框架梁为一至四级抗震等级时，梁的下部纵筋在中间支座的水平直锚长度，除应满足本图注明者外，还应满足$\geqslant 0.5h_c + 5d$。

4. 箍筋、附加箍筋、吊筋等钢筋排布规则

（1）一级抗震等级框架梁 KL 箍筋钢筋排布如图 4-1-14～图 4-1-16 所示。

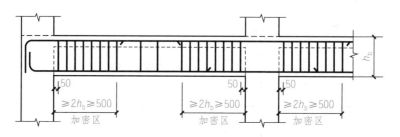

图 4-1-14　KL 箍筋钢筋

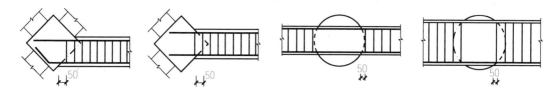

图 4-1-15　箍筋起始位置

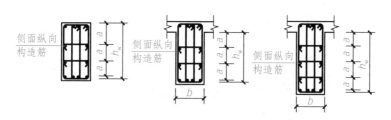

图 4-1-16　梁侧面纵向构造筋和拉筋

注：①h_w 为板下梁净高。

②当梁侧面配有直径小于构造纵筋的受扭纵筋时，受扭钢筋可以代替构造钢筋。

③当 $h_w \geqslant 450$ mm 时，在梁的两个侧面应沿高度配置纵向构造筋；纵向构造筋间距 $a \leqslant 200$ mm。

④梁侧面构造纵筋的搭接与锚固长度可取 15d。梁侧面受扭纵筋的搭接长度为 l_{lE} 或 l_l，其锚固长度为 l_{aE} 或 l_a，锚固方式同框架梁下部纵筋。

⑤当梁宽≤350 mm 时，拉筋直径为 6 mm；梁宽＞350 mm 时，拉筋直径为 8 mm；拉筋间距为非加密区箍筋间距的 2 倍，当设有多排拉筋时，上下两排拉筋竖向错开设置。

⑥箍筋及拉筋弯钩构造见图集 11G101—1。

（2）附加箍筋的钢筋排布如图 4-1-17 所示。

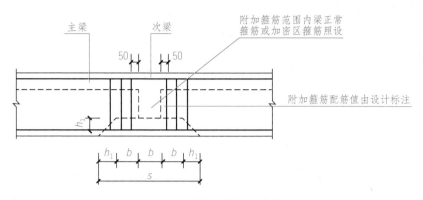

图 4-1-17　附加箍筋的钢筋排布

（3）附加吊筋的钢筋排布如图 4-1-18 所示。

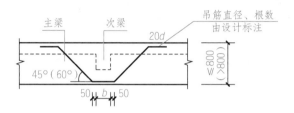

图 4-1-18　附加吊筋

🔍 5. 主次梁斜交箍筋配筋排布规则

（1）主次梁斜交箍筋的钢筋排布如图 4-1-19 所示。

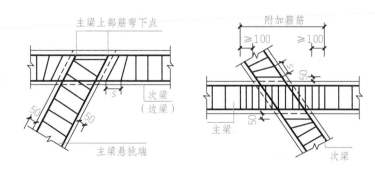

图 4-1-19　主次梁斜交箍筋

注：①当端支座为柱、剪力墙（平面内连接）时，梁端部上部筋取 $l_n/3$，l_n 为相邻左右两跨中跨度较大一跨的跨度值。

②梁端与柱斜交，或与圆柱相交时的箍筋起始位置见图集 11G101—1。

③当弧形非框架梁的上部设有抗扭筋，其直径＞28 mm 时，应采用机械连接或焊接接

长，其要求见具体工程设计说明；当直径≤28 mm 时，除按图示位置搭接外，也可在跨中 $l_{ni}/3$ 范围内采用一次搭接接长。

④弧形非框架梁的箍筋间距沿梁凸面线度量。

⑤纵筋在端支座伸至对边后再弯锚。

⑥梁下部肋形钢筋的直锚长度见图注，当为光圆钢筋时，直锚长度为 15d。

(2)各类梁的悬挑端配筋的钢筋排布如图 4-1-20 所示。

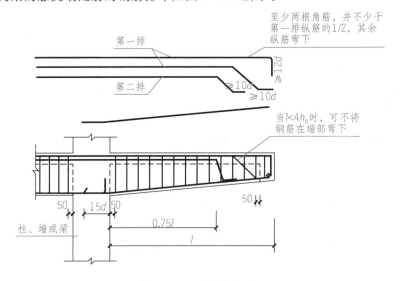

图 4-1-20　悬挑梁钢筋

注：①当纯悬挑梁的纵向钢筋直锚长度≥l_a 且≥$0.5h_c+5d$ 时，可不必往下弯折；当直锚伸至对边仍不足 l_a 时，则应按图示弯锚；当直锚伸至对边仍不足 $0.4l_a$ 时，则应采用较小直径的钢筋。

②当悬臂梁由屋面框架梁延伸出来时，其配筋构造应由设计者补充。

③当梁上部设有第三排钢筋时，其伸长度应由设计者注明。

④梁下部肋形钢筋锚长为 12d；当为光面钢筋时，其锚长为 15d。

▲【楼层框架梁钢筋翻样实例】

江苏某建设集团有限公司所承建的某社区管理服务中心多层办公楼工程即将进行主体工程钢筋施工，在主体结构施工前，要求钢筋翻样人员必须合理确定该工程楼层框架梁的配筋信息(KL1)，以保证该楼层框架梁施工的工程质量，如图 4-1-21 所示。作为该技术人员应如何计算？

楼层框架梁钢筋翻样计算的基本步骤为：

(1)识读图纸，根据图纸的集中标注和原位标注掌握图纸的配筋等信息。

(2)根据钢筋的排布规则及构造要求分析钢筋的排布范围等相关信息。

(3)根据相关知识计算钢筋的下料长度。

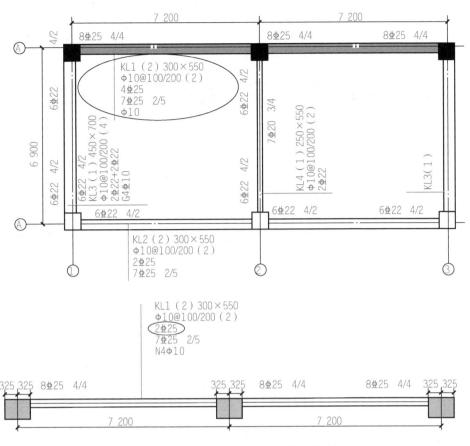

图 4-1-21　双跨结构平面图　上部通长筋

解：（1）识读图纸信息：KL1 是楼层框架梁，梁内配筋为：上部通长筋、中间支座负筋、受扭纵向钢筋、下部钢筋。抗震等级：三级，混凝土强度等级：C35，保护层厚度为 25 mm，柱：650 mm×650 mm，有垫层。

（2）根据钢筋的排布规则及构造要求分析钢筋的排布范围：考虑锚固形式和搭接。

（3）计算钢筋下料长度。钢筋的混凝土保护层：框架梁 25 mm，柱 25 mm。

1）KL1 上部通长筋计算

①$l_{aE}=1.05 l_{abE}\times 34d=892.5$ mm$>h_c-$保护层$=625$ mm，须弯锚

②h_c-保护层$+15d=1\ 000$ mm

③上部通长筋长度＝净跨长＋左支座锚固＋右支座锚固＝（7 200＋7 200－325－325）＋1 000＋1 000＝15 750（mm）

④钢筋根数：2 根

⑤一个搭接（定额规定：直径≤12 mm 时，12 m 一个搭接；直径＞12 mm 时，8 m 一个搭接）。

2）KL1 支座负筋计算。KL1 配筋如图 4-1-22 所示。

中间支座负筋长度＝2×max（第一跨净跨长，第二跨净跨长）/3＋支座宽

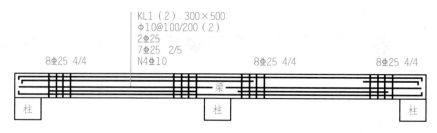

图 4-1-22　KL1 配筋

左支座：第一排　$1/3×(7\,200-325×2)+1\,000=3\,184(\text{mm})$　　　钢筋根数：2 根

　　　　第二排　$1/4×(7\,200-325×2)+1\,000=2\,638(\text{mm})$　　　钢筋根数：4 根

中间支座负筋的长度：第一排 $=2×(7\,200-325-325)/3+650=5\,017(\text{mm})$

　　　　　　　　　钢筋根数：2 根

　　　　　　　　　第二排 $=2×(7\,200-325-325)/4+650=3\,925(\text{mm})$

　　　　　　　　　钢筋根数：4 根

右支座同左支座。

3）KL1 侧面受扭纵向钢筋长度计算。

当梁腹板高度(梁高－板厚)$h_{\text{w}}≥450$ mm 时，需要在梁的两个侧面沿高度配置纵向构造钢筋，间距 $a≤200$ mm 时；其搭接长度和锚固长度可取 $15d$，HPB300 级钢筋要加弯钩 $6.25d$。

　　侧面纵向构造钢筋长度 $=$ 净跨长度 $=2×15d+2×6.25d$

　　侧面受扭纵向钢筋长度 $L=(7\,200+7\,200-325-325)+\max(l_{\text{aE}},0.5h_{\text{c}}+5d)×2=$
$13\,750+(0.5×650+5×10)×2=14\,500(\text{mm})$

　　钢筋根数：4 根

　　因为受扭纵向钢筋超过 12 m，所以中间会有一个搭接，其搭接长度为：$38d=38×10$
$=380(\text{mm})$

　　总搭接长度为：$380×4=1\,520(\text{mm})$

4）KL1 下部钢筋计算，如图 4-1-23 所示。

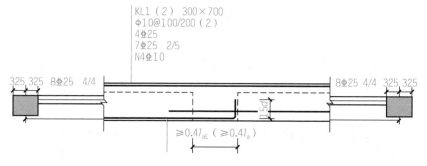

图 4-1-23　KL1 下部纵筋

下部纵向长度＝净跨长＋左锚固长度＋右锚固长度

第一跨：$L = 7\,200 - 325 \times 2 + 1\,000 + \max(l_{aE}, 0.5h_c + 5d)$

$= 7\,200 - 325 \times 2 + 1\,000 + 892.5 = 8\,443\text{(mm)}$

钢筋根数：7根

> 当楼层框架梁两端宽度不等时，中间支座平直段长度$\geqslant l_{aE}$(l_a)时，纵筋可采用直锚，纵筋无法直锚时，要求平直段长度$\geqslant$ $0.4l_{aE}$(l_a)，弯折长度为$15d$。

拓展练习

根据图 4-1-21 所示框架梁钢筋翻样实例给出的相关环境描述，对图中的 KL2 的钢筋进行翻样。

任务三　楼层框架梁钢筋绑扎与加工

▲【楼层框架梁钢筋绑扎与加工】

(1)加工机具：钢筋调直机、钢筋切断机、钢筋弯曲机、钢筋扳手、钢筋剪断钳。

(2)模拟楼层框架梁钢筋加工施工现场。

1)除锈：钢筋的表面应洁净。油渍、漆污和用锤敲击时能剥落的浮皮、铁锈等应在使用前清除干净。

> 提示
>
> 盘条光圆钢筋采用冷拉调直的方法对钢筋进行除锈处理，对于钢筋表面的浮锈采用钢丝刷进行除锈，少量时采用人工除锈。带肋钢筋采用人工钢丝刷除锈。

2)调直：调直机调直或冷拉调直；根据任务单，对所需的箍筋、上部通长筋、下部通长筋和支座负筋等进行调直、除锈。

提示

　　对于热轧盘条钢筋采用钢筋调直机进行拉直，HPB300 级钢筋的冷拉率不得大于 4%。当采用钢筋调直机时，要根据钢筋的直径选用调直模和传送压辊，并要正确掌握调直模的偏移量和压辊的压紧程度。调直模的偏移量根据其磨耗程度及钢筋品种通过试验确定；调直筒两端的调直模一定要在调直前后导孔的轴心线上。压辊的槽宽一般在钢筋穿入压辊之后，在上下压辊间宜有 3 mm 之内的空隙。

　　3）钢筋切断。

　　①钢筋下料按任务单尺寸进行下料，钢筋切断采用钢筋剪断钳、钢筋切断机，直螺纹连接钢筋必须采用砂轮切割机进行切断，以保证直螺纹丝头质量。

　　②切断钢筋时将同规格钢筋根据不同长度进行长短搭配，统筹安排，应先断长料、后断短料，减少短头，减少损耗。

　　③断料时，应避免用短尺量长料，防止在量料中产生累积误差。应在工作台上标出尺寸刻度线，并设置控制断料尺寸用的挡板。

提示

　　切断过程中，如发现钢筋有断裂、缩头或严重的弯头等必须切除。

　　4）弯曲成型。在熟悉图纸的基础上，将任务单中所给工程案例的箍筋、上部通长筋、下部通长筋和支座负筋等加工成型。

　　①钢筋弯曲前，对箍筋、弯起钢筋等形状复杂的钢筋应将各弯曲点位置划出。画线是要根据不同的弯曲角度扣除弯曲调整值，其扣法是从相邻两段长度中各扣一半；画线宜从钢筋中线开始向两边进行。

　　②钢筋在弯曲机上成型时，心轴直径应满足要求，成型轴宜加偏心轴套以适应不同直径的钢筋弯曲需要。弯曲细钢筋时，为了使弯弧一侧的钢筋保持平直，挡铁轴宜做成可变挡架或固定挡架。

提示

　　钢筋成型形状要正确，平面上不应有翘曲不平现象；弯曲点处不能有裂缝。本模拟工程结构相对复杂，钢筋加工必须严格按图纸设计和规范要求进行，不得凭个人施工经验进行钢筋下料。

5)楼层框架梁钢筋绑扎。熟悉图纸,获知梁的高度小于 600 mm,此时梁的钢筋绑扎工艺流程如下。

①在梁侧模板上画出箍筋间距,摆放箍筋。

②先穿主梁的上层纵向受力钢筋,然后画出箍筋间距并按已画好的间距套箍筋,穿主梁的下层纵向钢筋及弯起钢筋并按间距绑扎箍筋,次梁应同时配合跟进施工。

③绑扎梁上部纵向筋的箍筋,宜用兜扣绑扎。

④梁箍筋弯钩叠合处,应交错布置绑扎牢固,箍筋弯钩为 135°,平直部分长度为 10d。

⑤梁端第一个箍筋要设置在距离柱节点边缘 50 mm 处,梁端箍筋应加密(不小于 1.5 倍梁高且不小于 500 mm)。

⑥在主次梁受力筋下均应垫好垫块,间距不宜大于 1 000 mm,以保证保护层厚度。当受力筋为双层时,可用短钢筋(直径大于或等于 25 mm 并不小于梁主筋直径)垫在两层钢筋之间。

⑦梁筋的连接:梁的受力钢筋直径大于或等于 14 mm 时,采用闪光对焊和电弧焊连接;小于 14 mm 时,可采用绑扎接头,搭接长度应符合设计及规范要求。搭接长度末端与钢筋弯折处的距离,不得小于钢筋直径的 10 倍,搭接处应在中心处两端绑扎牢固,接头位置应相互错开。当采用绑扎接头时,在规定搭接长度的任一区段内有接头的受力钢筋截面面积占受力钢筋总截面面积百分率,受拉区不大于 25%。当采用机械连接时,主筋接头应错开,其错开间距不小于 35d,且不小于 500 mm,一般情况下,梁上铁钢筋接头应设在梁跨中 1/3 范围内,下铁接头应设在支座或支座 1/3 范围内。

> **小贴士 Little Tips**
>
> 实践操作过程中切记安全文明施工,做好安全防护措施。当梁钢筋直径较大时,易造成梁相交处钢筋位置无法保证,施工前应协商确定框架主受力梁与框架次受力梁。施工时,应优先确保主受力梁的梁高及保护层的厚度。当梁、柱节点钢筋过于密集时,应先放大样,编制穿筋次序,加工柱子主筋定位框,经试验可行后,再展开施工。绑扎梁、柱节点钢筋时,应按排好箍筋插入的顺序,以保证核心区箍筋加密符合设计要求。钢筋绑扎丝扣尾部应朝向结构内侧,以防止混凝土表面出现锈斑。

任务四 楼层框架梁钢筋质量验收

▲【楼层框架梁钢筋加工质量验收】

🔧 1. 主控项目

(1)受力钢筋的牌号、规格、数量和位置符合设计要求。

(2)对有抗震设防要求的框架结构,其纵向受力钢筋的强度应满足设计要求。

(3)钢筋的抗拉强度实测值与屈服强度实测值的比值不应小于1.25。钢筋的屈服强度实测值与强度标准值的比值不应大于1.30。

(4)纵向受力钢筋的连接方式应符合设计要求。

(5)钢筋加工时,钢筋弯折的弯弧内直径应符合下列规定:

1)光圆钢筋,不应小于钢筋直径的2.5倍。

2)335 MPa级,400 MPa级带肋钢筋,不应小于钢筋直径的4倍。

3)500 MPa级带肋钢筋,当直径为28 mm以下时不应小于钢筋直径的6倍,当直径为28 mm及以上时不应小于钢筋直径的7倍。

4)纵向受力钢筋的弯折后平直段长度应符合设计要求,光圆钢筋末端做180°弯钩时,弯钩的平直段长度不应小于钢筋直径的3倍。

🔧 2. 一般项目

(1)钢筋接头的位置应符合设计和施工方案要求,有抗震设防要求的结构中,梁端、柱端箍筋加密区范围内不应进行钢筋搭接。接头末端至钢筋弯起点的距离不应小于钢筋直径的10倍。

同一连接区段内,纵向受拉钢筋的接头面积百分率应符合设计要求;当设计无具体要求时,应符合下列规定:

1)梁类、板类及墙类构件,不宜超过25%;基础筏板,不宜超过50%。

2)柱类构件,不宜超过50%。

3)当工程中确有必要增大接头面积百分率时,对梁类构件,不应大于50%。

(2)钢筋应平直、无损伤,表面不得有裂纹、油污、颗粒状或片状老锈。

检验数量:施工单位全部检查。

检验方法:观察。

(3)钢筋加工允许偏差应符合表2-1-1的规定。

(4)钢筋安装工程质量要求应符合表3-2-1的规定。

项目4.2　屋面框架梁翻样与加工

项目提要

　　根据国家职业标准对钢筋工的技能要求，本项目主要讲述屋面框架梁平法识图、屋面框架梁钢筋的排布规则、屋面框架梁钢筋翻样计算等相关知识。

相关知识

1. 屋面框架梁的平法识图
2. 屋面框架梁钢筋的排布规则
3. 屋面框架梁钢筋翻样计算的相关知识
4. 屋面框架梁钢筋加工与安装
5. 钢筋工程检验相关规范

项目实施

4—2　屋面框架梁翻样与加工训练

> **项目目标**
> - 能根据实际结构施工图的要求，准确识读屋面框架梁配筋图；
> - 能准确完成屋面框架梁钢筋的翻样计算，并形成钢筋下料单；
> - 能正确完成屋面框架梁钢筋的绑扎加工，并保证尺寸精度；
> - 培养学生团队协作的精神、严谨的工作作风及独立解决问题的能力。

任务一　准备工作

1. 学生准备工作

（1）屋面框架梁钢筋翻样与加工的微视频和网络资源等的学习。

（2）讨论完成分组，小组合作进行角色分配和扮演（班组长、预算员、施工员、质检员等）。

（3）屋面框架梁钢筋翻样所需图纸、图集和相关学习资料。

（4）结合 11G101 系列图集和《混凝土结构工程施工质量验收规范》（GB 50204—2015），认真熟悉图纸，研读任务单并严格执行国家标准和施工规范尝试进行屋面框架梁钢筋翻样，了解屋面框架梁钢筋加工工艺。

（5）钢筋加工在教学实训场地进行，根据实训场地实际情况及工程量需要准备钢筋加工机械及数量，按任务单进行钢筋备料。

（6）完成屋面框架梁钢筋翻样与加工的实训手册中的储备任务。

2. 教师准备工作

（1）屋面框架梁钢筋翻样与加工 PPT、网络资料、微视频等。

（2）职业实践分析及学情分析。

（3）制订教学目标。

（4）制作学习任务单。

（5）布置教学实训场地，创设屋面框架梁钢筋翻样与加工的教学情境。

（6）建立教学评价方式和学习效果考核制度。

问题思考 ➡ 与楼层框架梁钢筋翻样与加工相比，在进行屋面框架梁钢筋翻样与加工时，有哪些事宜需要特别注意的？如何加以区别？

任务二 屋面框架梁钢筋识图与翻样

▲【屋面框架梁平法识图】

1. 屋面框架梁平法施工图的表示方法

平面注写包括集中标注和原位标注。集中标注表达梁的通用数值；原位标注表达梁的特殊数值。当集中标注中的某项数值不适用于梁的某部位时，则将该项数值原位标注。施工时，原位标注取值优先。

梁编号的规定：在平法施工图中，各类型的梁应按照表 4-1-1 进行编号。同时，梁编号由梁类型、代号、序号、跨数及有无悬挑代号几项组成。

2. 梁平面注写方式

平面注写方式集中标注和原位标注的具体内容类似于楼面框架梁平面注写方式。

3. 截面注写方式

截面注写方式，是在不同编号的屋面框架梁中各选择一根梁用剖面符号引出配筋图，并在其上注写截面尺寸具体数值的方式来表达屋面框架梁平法施工图，可参考楼面框架梁截面注写方式。

▲【屋面框架梁排布筋原则】

1. 屋面框架梁纵向钢筋排布规则

抗震屋面框架梁 WKL 纵向钢筋排布如图 4-2-2 所示。

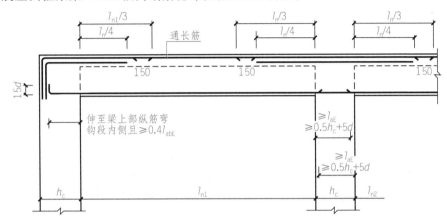

图 4-2-2　抗震屋面框架梁 WKL 纵向钢筋构造

(1) l_{aE} 取值见图集 11G101—1。

(2) 当贯通筋 $d > 28$ mm 时，应采用机械连接或等强对接焊接长；当 $d \leqslant 28$ mm 时，除按图示位置搭接外，当支座上部纵向钢筋与通长筋直径相同时，也可在 $l_{ni}/3$ 范围内采用一次机械连接或对焊连接或绑扎搭接连接。

(3) 当梁纵筋采用绑扎搭接接长时，箍筋应加密。

2. 不伸入支座的梁下部纵向钢筋排布规则

不伸入支座的梁下部纵向钢筋排布规则如图 4-1-12 所示。

3. 屋面框架梁 WKL 中间支座纵向钢筋排布

屋面框架梁 WKL 中间支座纵向钢筋排布如图 4-2-3 所示。

4. 箍筋、附加箍筋、吊筋等钢筋排布规则

箍筋、附加箍筋、吊筋等钢筋排布规则（图 4-1-15）类同楼面框架梁。

5. 配筋排布规则

(1) 梁侧面构造筋、拉筋的钢筋排布如图 4-1-16 所示。

(2) 主次梁斜交箍筋的钢筋排布如图 4-2-4 所示。

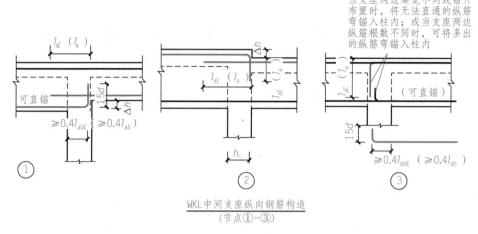

WKL中间支座纵向钢筋构造
（节点①~③）

图 4-2-3 WKL 中间支座纵向钢筋

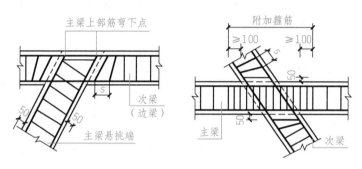

图 4-2-4 主次梁斜交钢筋

（S 为次梁中箍筋间距）

▲【屋面框架梁钢筋翻样实例】

江苏某建筑工程有限公司所承建的某社区管理服务中心多层办公楼工程即将进行屋面工程钢筋施工，在屋面工程施工前要求钢筋翻样人员必须合理确定该工程屋面框架梁的配筋信息（WKL1），以保证该屋面框架梁施工的工程质量。作为该技术人员应如何计算？

屋面框架梁的主要内容有上部纵筋、下部纵筋、支座负筋、侧面纵向构造钢筋、拉筋、箍筋长度及根数的计算。在这里只着重介绍上部通长筋的计算，其余钢筋计算见楼面框架梁钢筋翻样计算。

WKL1上部通长筋长度计算如图 4-2-5、图 4-2-6 所示。

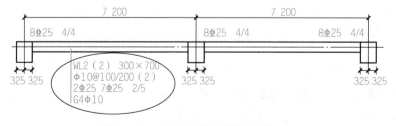

图 4-2-5 WKL 钢筋上部通长筋(一)

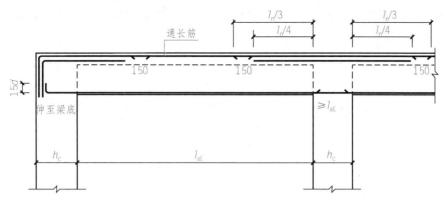

图 4-2-6 WKL 钢筋上部通长筋(二)

解:

(1)左支座锚固长度＝650－25＋700－25＝1 300(mm)。

(2)右支座锚固长度＝650－25＋700－25＝1 300(mm)。

(3)上部通长筋长度＝(7 200＋7 200－325－325)＋1 300＋1 300＝16 350(mm)。

(4)钢筋根数：2 根。

(5)2 个搭接。

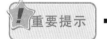 ➡ 屋面框架梁与楼层框架梁计算要注意区别。

任务三 屋面框架梁钢筋绑扎与加工

▲【屋面框架梁钢筋绑扎与加工】

(1)加工机具：钢筋调直机、钢筋切断机、钢筋弯曲机、钢筋扳手、钢筋剪断钳。

(2)模拟屋面框架梁钢筋加工施工现场。

1)除锈：钢筋的表面应洁净。油渍、漆污和用锤敲击时能剥落的浮皮、铁锈等应在使用前清除干净。

提示

盘条光圆钢筋采用冷拉调直的方法对钢筋进行除锈处理，对于钢筋表面的浮锈采用钢丝刷进行除锈，少量时采用人工除锈。带肋钢筋采用人工钢丝刷除锈。

2）调直：调直机调直或冷拉调直；根据任务单，对所需的箍筋、上部通长筋、下部通长筋和支座负筋等进行调直、除锈。

提示

对于热轧盘条钢筋采用钢筋调直机进行拉直，HPB300 级钢筋的冷拉率不得大于 4%。

当采用钢筋调直机时，要根据钢筋的直径选用调直模和传送压辊，要正确掌握调直模的偏移量和压辊的压紧程度。调直模的偏移量根据其磨耗程度及钢筋品种通过试验确定；调直筒两端的调直模一定要在调直前后导孔的轴心线上。压辊的槽宽一般在钢筋穿入压辊之后，在上下压辊间宜有 3 mm 之内的空隙。

3）钢筋切断。

①钢筋下料按学生手中的任务单尺寸进行下料，钢筋切断采用钢筋剪断钳、钢筋切断机，直螺纹连接钢筋必须采用砂轮切割机进行切断，以保证直螺纹丝头质量。

②切断钢筋时将同规格钢筋根据不同长度进行长短搭配，统筹安排，应先断长料、后断短料，减少短头，减少损耗。

③断料时应避免用短尺量长料，防止在量料中产生累积误差。应在工作台上标出尺寸刻度线，并设置控制断料尺寸用的挡板。

提示

切断过程中，如发现钢筋有断裂、缩头或严重的弯头等必须切除。

4）弯曲成型。在熟悉图纸的基础上，将任务单中所给工程案例的箍筋、上部通长筋、下部通长筋和支座负筋等加工成型。

①钢筋弯曲前，对箍筋、弯起钢筋等形状复杂的钢筋应将各弯曲点位置画出。画线要根据不同的弯曲角度扣除弯曲调整值，其扣法是从相邻两段长度中各扣一半；画线宜从钢筋中线开始向两边进行。

②钢筋在弯曲机上成型时，心轴直径应满足要求，成型轴宜加偏心轴套以适应不同直径的钢筋弯曲需要。弯曲细钢筋时，为了使弯弧一侧的钢筋保持平直，挡铁轴宜做成可变挡架或固定挡架。

提示

钢筋成型形状要正确，平面上不应有翘曲不平现象；弯曲点处不能有裂缝。本模拟工程结构相对复杂，钢筋加工必须严格按图纸设计和规范要求进行，不得凭个人施工经验进行钢筋下料。

5)屋面框架梁钢筋绑扎。(高度小于 600 mm 的屋面框架梁的钢筋绑扎工艺流程类似楼层框架梁。)

熟悉图纸,获悉屋面框架梁的高度大于 600 mm,此时梁的钢筋绑扎工艺流程如下图所示:宜先绑梁钢筋后支梁侧模及顶板模板。

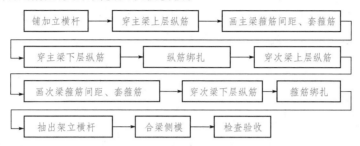

①梁底模板支完并检验合格后,搭架立横杆,横杆高度应与梁一致。

②绑主次梁钢筋,其绑扎方法与高度小于 600 mm 梁的钢筋绑扎基本相同。钢筋绑扎完毕后,抽出架立横杆使梁就位,然后垫保护层垫块,合梁侧模及支顶板模板。

③当梁高 h_w 大于 450 mm 时,应按规定增加构造腰筋。

小贴士
Little Tips

　　实践操作过程中切记安全文明施工,做好安全防护措施。当梁钢筋直径较大时,易造成梁相交处钢筋位置无法保证,施工前应协商确定框架主受力梁与框架次受力梁。施工时,应优先确保主受力梁的梁高及保护层的厚度。当梁、柱节点钢筋过于密集时,应先放大样,编制穿筋次序,加工柱子主筋定位框,经试验可行后,再展开施工。绑扎梁、柱节点钢筋时,应按排好箍筋插入的顺序,以保证核心区箍筋加密符合设计要求。钢筋绑扎丝扣尾部应朝向结构内侧,以防止混凝土表面出现锈斑。

任务四　屋面框架梁钢筋质量验收

▲【屋面框架梁钢筋加工质量验收】

1. 主控项目

(1)受力钢筋的品种、级别、规格和数量符合设计要求。

(2)纵向受力钢筋的连接方式应符合设计要求。

（3）阳角屋面框架梁：①阳角梁上部钢筋贯通，下部钢筋满足设计构造要求；②屋面框架梁阳角部位满足图纸要求，屋脊线每边 3 支加强箍筋间距 50 mm，共计 6 支；③箍筋加密区范围为 $\geqslant 1.5 h_b$ 且不小于梁截面高度，梁与柱斜交箍筋的起始位置为距离柱边 50 mm 起步；④弯锚固水平段长度 $\geqslant 10 d$。

水平折梁：①阳角侧钢筋连通，阴角侧钢筋相互锚固；②箍筋加密范围为一个锚固长度；③弯锚固水平段长度 $\geqslant 20 d$，如图 4-2-7 所示。

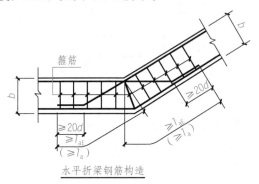

图 4-2-7 水平折梁钢筋构造

（4）钢筋加工时，钢筋弯折的弯弧内直径应符合下列规定：

1）光圆钢筋，不应小于钢筋直径的 2.5 倍。

2）335 MPa 级、400 MPa 级带肋钢筋，不应小于钢筋直径的 4 倍。

3）500 MPa 级带肋钢筋，当直径为 28 mm 以下时，不应小于钢筋直径的 6 倍；当直径为 28 mm 及以上时，不应小于钢筋直径的 7 倍。

4）纵向受力钢筋的弯折后平直段长度应符合设计要求，光圆钢筋末端做 180°弯钩时，弯钩的平直段长度不应小于钢筋直径的 3 倍。

2. 一般项目

（1）钢筋接头的位置应符合设计和施工方案要求，有抗震设防要求的结构中，梁端、柱端箍筋加密区范围内不应进行钢筋搭接。接头末端至钢筋弯起点的距离不应小于钢筋直径的 10 倍。

同一连接区段内，纵向受拉钢筋的接头面积百分率应符合设计要求；当设计无具体要求时，应符合下列规定：

1）梁类、板类及墙类构件，不宜超过 25%；基础筏板，不宜超过 50%。

2）柱类构件，不宜超过 50%。

3）当工程中确有必要增大接头面积百分率时，对梁类构件，不应大于 50%。

（2）钢筋应平直、无损伤，表面无裂纹、油污、颗粒状或片状老锈。

（3）钢筋加工允许偏差应符合表 4-1-1 的规定。

（4）钢筋安装工程质量要求应符合表 3-2-1 的规定。

第5章

板　篇

项目5　有梁楼盖板钢筋翻样与加工

项目提要

根据国家职业标准对钢筋工的技能要求，本项目主要讲述板截面配筋的基本构造要求；单向板、双向板的构造要求；有梁楼盖板平法识图、有梁楼盖板钢筋的排布规则、确定板的钢筋的下料长度、统计钢筋数量编制配料单等相关知识。

相关知识

1. 有梁楼盖板的施工图制图规则及构造
2. 有梁楼盖板板筋的排布原则
3. 有梁楼盖板板筋翻样计算的相关知识
4. 有梁楼盖板板筋加工与安装
5. 钢筋工程检验相关规范

项目实施

有梁楼盖板钢筋翻样与加工训练

项目目标

- 能根据实际结构施工图的要求，准确识读有梁楼盖板配筋图；
- 能准确完成有梁楼盖板钢筋的翻样计算，并形成钢筋料单；
- 能正确完成有梁楼盖板钢筋的绑扎加工，并保证尺寸精度；
- 培养学生团队协作的精神、严谨的工作作风及独立解决问题的能力。

任务一 准备工作

1. 学生准备工作

(1)11G101—1 图集。

(2)《混凝土结构工程施工质量验收规范》(GB 50204—2015)。

(3)《混凝土结构设计规范》(GB 50010—2010)。

(4)《建筑抗震设计规范》(GB 50011—2010)。

(5)《高层建筑混凝土结构技术规程》(JGJ 3—2010)。

(6)《建筑结构制图标准》(GB/T 50105—2010)。

(7)钢筋翻样所需课本、试验手册、相关工量器具等。

2. 教师准备工作

(1)学习任务单及工作单的制作。

(2)职业实践分析及学生情况分析。

(3)板钢筋绑扎加工的多媒体资料。

(4)学生学习目标的制订。

(5)有梁楼盖板钢筋翻样与加工的教学情境创设。

(6)教学用工量器具的准备。

(7)质量评分系统的建立。

问题思考 ➡ 钢筋混凝土楼盖按其施工方法可以分为哪几种基本类型,各种类型的特点及适用范围有哪些?

任务二 有梁楼盖板钢筋识图与翻样

▲▲【有梁楼盖板平法识图】

有梁楼盖板指以梁为支座的楼面与屋面板。有梁楼盖板的制图规则同样适用于梁板式转换层、剪力墙砌体结构、砌体结构,以及有梁地下室的楼面与屋面板平法施工图设计。

有梁楼盖板平法施工图，是在楼面板和屋面板布置图上，采用平面注写的表达方式。

板平面注写主要包括：板块集中标注和板支座原位标注，如图 5-0-1 所示。

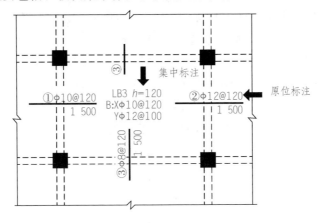

图 5-0-1 板平面注写示例图

板平法施工图规定了结构平面的坐标方向为：

(1)当两向轴网布置时，图面从左至右为 X 向，从下至上为 Y 向。

(2)当轴网转折时，局部坐标方向顺轴网转折角度做相应转折。

(3)当轴网向心布置时，切向为 X 向，径向为 Y 向。

对于结构平面布置相对复杂的区域，根据实际情况，其平面坐标方向应由设计者另行规定并在图上明确表示。

1. 板块集中标注

板块集中标注的内容为：板块编号、板厚、贯通纵筋，以及当板面标高不同时的标高高差。

对于普通楼面，两向均以一跨为一板块；对于密肋楼盖，两向主梁(框架梁)均以一跨为一板块(非主梁密肋不计)。所有板块应逐一编号，相同编号的板块可择其一做集中标注，其他仅注写置于圆圈内的板编号，以及当板面标高不同时的标高高差。

板块编号见表 5-0-1。

表 5-0-1 板块编号

板类型	板代号	序号
楼面板	LB	××
屋面板	WB	××
悬挑板	XB	××

板厚注写为 $h=\times\times\times$(为垂直于板面的厚度)；当悬挑板的端部改变截面厚度时，用斜线分隔根部与端部的高度值，注写为 $h=\times\times\times/\times\times\times$；当设计已在图注中统一注明板厚时，此项可不注。

贯通筋按板块的下部和上部分别注写（当板块上部不设贯通筋时则不注），并以 B 代表下部，以 T 代表上部，B&T 代表下部与上部；X 向贯通筋以 X 打头，Y 向贯通筋以 Y 打头，两向贯通纵筋配置相同时则以 X&Y 打头。当为单向板时，分布筋可不必注写，而在图中统一注明。当在某些板内（例如在悬挑板 XB 的下部）配置有构造钢筋时，则 X 向以 Xc，Y 向 Yc 打头注写。当 Y 向采用放射配筋时（切向为 X 向，径向为 Y 向），设计者应注明配筋间距的定位尺寸。当贯通筋采用两种规格钢筋"隔一布一"方式时，表达为 ϕxx/yy@×××，表示直径为 xx 的钢筋和直径为 yy 的钢筋二者之间间距为×××，直径 xx 的钢筋的间距为×××的 2 倍，直径 yy 的钢筋的间距为×××的 2 倍。

板面标高高差，是指相对于结构层楼面标高的高差，应将其注写在括号内，且有高差则注，无高差不注。

例：设有一楼面板块注写为：LB5　$h=110$

B：X 12@120；Y 10@110

表示 5 号楼面板，板厚 110 mm，板下部配置的贯通纵筋 X 向为 12@120；Y 向为 10@110；板上部未配置贯通纵筋。

例：设有一延伸悬挑板注写为：XB2　$h=150/100$

B：Xc&Yc 8@200

表示 2 号悬挑板，板根部厚 150 mm，端部厚 100 mm，板下部配置构造筋双向均为 8@200（上部受力钢筋见板支座原位标注）。

同一编号板块的类型、板厚和贯通筋均应相同，但板面标高、跨度、平面形状以及板支座上部非贯通纵筋可以不同，如同一编号板块的平面形状可为矩形、多边形及其他形状等。施工预算时，应根据其实际平面形状，分别计算各块板的混凝土与钢材用量。

设计与施工应注意：单向或双向连续板的中间支座上部同向贯通纵筋，不应在支座位置连接或分别锚固。当相邻两跨的板上部贯通纵筋配置相同，且跨中部位有足够空间连接时，可在两跨任意一跨的跨中连接部位连接；当相邻两跨的上部贯通纵筋配置不同时，应将配置较大者越过其标注的跨数终点或起点伸至相邻的跨中连接区域连接。

设计应注意板中间支座两侧上部贯通纵筋的协调配置，施工及预算应按具体设计和相应标准构造要求实施。等跨与不等跨板上部贯通纵筋的连接有特殊要求时，其连接部位及方式应由设计者注明。

🔍 2. 板支座原位标注

板支座原位标注的内容为：板支座上部非贯通纵筋和悬挑板上部受力钢筋。

板支座原位标注的钢筋，应在配置相同的第一跨表达（当在梁悬挑部位单独配置时则在原位表达）。在配置相同跨的第一跨（或梁悬挑部位），垂直于板支座（梁或墙）绘制一段适宜长度的中粗实线（当该筋通常设置在悬挑板或短跨板上部时，实线段应画至对边或贯通短跨），以该线段代表支座上部非贯通纵筋，并在线段上方注写钢筋编号（如①、②等）、配筋值、横向连续布置的跨数（注写在括号内，且当为一跨时可不注），以及是否横向布置到梁的悬挑端。例如：（××）为横向布置得跨数，（××A）为横向布置的跨数及一端的悬挑梁部位，(××B)为横向布置的跨数及两端的悬挑梁部位。

板支座上部非贯通筋自支座中线向跨内的伸出长度，注写在线段的下方位置。

当中间支座上部非贯通筋向支座两侧对称伸出时，可仅在支座一侧线段下方标注伸出长度，另一侧不注，如图 5-0-2 所示。

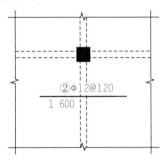

图 5-0-2　中间支座上部非贯通筋向支座两侧对称伸出

当支座两侧非对称伸出时，应分别在支座两侧线段下方注写伸出长度，如图 5-0-3 所示。

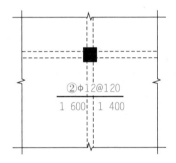

图 5-0-3　中间支座上部非贯通筋向支座两侧非对称伸出

对线段画至对边贯通全跨或贯通全悬挑长度的上部通长纵筋，贯通全跨或伸出至全悬挑一侧的长度值不注，只注明非贯通筋另一侧的伸出长度值，如图 5-0-4 所示。

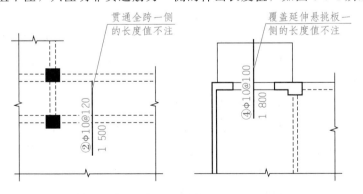

图 5-0-4　全悬挑长度的上部通长筋标注

当板支座为弧形，支座上部非贯通纵筋呈放射状分布时，设计者应注明配筋间距的度量位置并加注"放射分布"四字，必要时应补绘平面配筋图。

悬挑板的注写方式如图 5-0-5 所示。当悬挑板端部厚度不小于 150 mm 时，设计者应指定板端部封边构造方式，当采用 U 形钢筋封边时，还应指定 U 形钢筋的规格、直径。

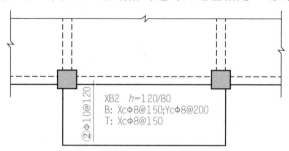

图 5-0-5 悬挑板的注写方式

在板平面布置图中，不同部位的板支座上部非贯通筋纵筋及悬挑板上部受力钢筋，可仅在一个部位注写，对其他相同者则仅需在代表钢筋的线段上注写编号及横向连续布置的跨数（当为一跨时可不注）即可。

例：在板平面布置图某部位，横跨支承梁绘制的对称线段上注有⑦ 12@100(5A) 和 1 500，表示支座上部⑦号非贯通纵筋为 12@100，从该跨起沿支承梁连续布置 5 跨加梁一端的悬挑端，钢筋自支座中线向两侧跨内的伸出长度均为 1 500 mm。在同一板平面布置图的另一部位横跨梁支座绘制的对称线段上注有⑦(2)者，是表示该钢筋同⑦号纵筋，沿支承梁连续布置 2 跨，且无梁悬挑端布置。

另外，与板支座上部非贯通筋纵筋垂直且绑扎在一起的构造钢筋或分布钢筋，应由设计者在图中标明。

当板的上部已配置有贯通纵筋，但需增配板支座上部非贯通筋时，应结合已配置的同向贯通纵筋的直径与间距采取"隔一布一"方式配置。

"隔一布一"方式，为非贯通纵筋的标注间距与贯通纵筋相同，两者组合后的实际间距为各自标注间距的 1/2。当设定贯通纵筋为纵筋总截面面积的 50% 时，两种钢筋应采取相同直径；当设定贯通纵筋大于或小于总截面面积的 50% 时，两种钢筋则取不同直径。

例：板上部已配置贯通纵筋 12@250，该跨同向配置的上部支座非贯通纵筋为⑤ 12@250，表示在该支座上部设置的纵筋实际为 12@125，其中 1/2 为贯通纵筋，1/2 为⑤号非贯通纵筋（伸出长度值略）。

施工应注意：当支座一侧设置了上部贯通纵筋（在板集中标注中以 T 打头），而在支座另一侧仅设置了上部非贯通纵筋时，如果支座两侧设置的纵筋直径、间距相同，应将二者连通，避免各自在支座上部分别锚固。

关于有梁楼盖板的平法制图规则，同样适用于梁板式转换层、剪力墙结构、砌体结构以及有梁地下室的楼板平面施工图设计。其中，设计应注意遵循规范对不同结构的相应规定；施工应注意采用相应结构的标准构造。板平法施工图示例如图 5-0-6 所示。

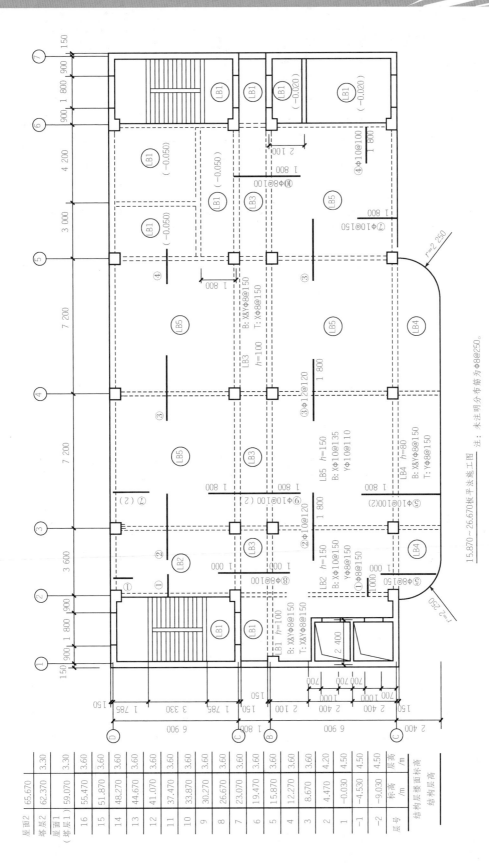

图 5-0-6　板平法施工图示意图

▲▲【有梁楼盖板排布筋原则】

(1)有梁等跨楼盖板的平法标准配筋构造如图 5-0-7 所示。

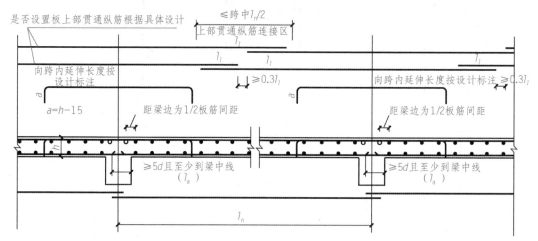

图 5-0-7　有梁等跨楼盖板的平法标准配筋构造图

(2)有梁楼盖板纯悬挑板 XB 配筋构造如图 5-0-8 所示。

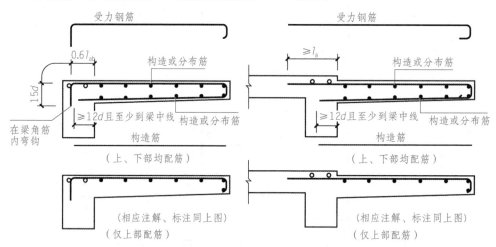

图 5-0-8　有梁楼盖板纯悬挑板 XB 配筋构造图

▲▲【有梁楼盖板钢筋翻样实例】

　　南通某建筑公司所承建的龙溪嘉苑住宅工程即将进行屋面板钢筋施工,实例板基本信息如表 5-0-2 所示。在屋面板结构施工前要求钢筋翻样人员必须合理确定该屋面板的的配筋信息(图 5-0-9),为现场施工人员提供下料单,并进行交底工作。作为该项目技术人员的你该如何做呢?

　　板钢筋翻样计算的基本步骤为:

　　(1)识读图纸,根据图纸的集中标注和原位标注掌握图纸的配筋等信息。

（2）根据钢筋的排布规则及构造要求分析钢筋的排布范围等相关信息。

（3）根据相关知识计算钢筋的下料长度。

表 5-0-2　板基本信息

板的环境描述		
抗震等级	混凝土强度等级	保护层厚度/mm
非抗震	C30	15

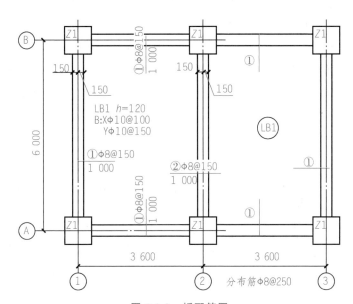

图 5-0-9　板配筋图

解： 识读表 5-0-2 板信息：有梁板，板厚为 120 mm，底板配筋，X 方向采用 HPB300 级钢筋，直径为 10 mm，间距为 100 mm，Y 方向同样采用 HPB300 级钢筋，直径为 10 mm，间距为 150 mm。

基础数据：下部筋伸入支座：$\text{Max}(5d，300/2)=150(\text{mm})$

端支座负筋伸入支座：$l_a+6.25d=24d+6.25d=242(\text{mm})$

扣筋弯折长：板厚－保护层厚度＝$120-15=105(\text{mm})$

板布筋范围：Y 方向 $6\,000-300=5\,700(\text{mm})$

X 方向（单跨）$3\,600-300=3\,300(\text{mm})$

计算：

X 方向底筋　长度＝$(3\,300+150\times2+6.25d\times2)=3\,725(\text{mm})$

根数＝$[(5\,700+30-100)/100+1]\times2=114.6(根)$取整数 115 根

Y 方向底筋　长度＝$5\,700+150\times2+6.25d\times2=6\,125(\text{mm})$

根数＝$[(3\,300+30-150)/150+1]\times2=44.4(根)$取整数 46 根

①～③轴负筋　长度＝$1\,000-150+242+105=1\,197(\text{mm})$

根数＝[(5 700＋30－150)/150＋1]×2＝76.4(根)取整数 77 根

①～②轴分布筋　长度＝(6 000－1 000×2＋150×2)＝4 300(mm)

根数＝[(1 000－150＋15－250/2)/250＋1]×2＝7.92(根)取整数 8 根

Ⓐ、Ⓑ轴负筋　长度＝1 000－150＋242＋105＝1 197(mm)

根数＝[(3 300＋30－150)/150＋1]×4＝88.8(根)取整数 89 根

Ⓐ、Ⓑ轴分布筋　长度＝3 600－1 000×2＋150×2＝1 900(mm)

根数＝[(1 000－150＋15－250/2)/250＋1]×4＝15.84(根)取整数 16 根

②轴线负筋　长度＝1 000×2＋105×2＝2 210(mm)

根数＝(5 700＋30－150)/150＋1＝38.2(根)取整数 39 根

②轴负筋分布筋　长度＝6 000－1 000×2＋150×2＝4 300(mm)

根数＝[(1 000－150＋15－250/2)/250＋1]×2＝7.92(根)取整数 8 根

> 楼板下部钢筋如果是 HPB300 级钢筋,端部必须做 180°弯钩,负筋中的分布一般也不做 180°弯钩,板中负筋布筋范围指的是板的净距,净距是指梁间净距。

拓展练习

根据图 5-0-10,已知梁截面尺寸为 300 mm×700 mm,轴线居中,结合实例给出的相关环境描述,对图中的 LB1 的底筋、端支座负筋、分布筋进行翻样。

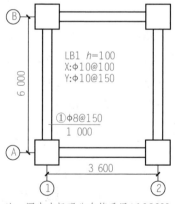

注:图中未标明分布筋采用Φ10@200

图 5-0-10　某楼面板配筋图

任务三 有梁楼盖板钢筋绑扎与加工

▲【有梁楼盖板钢筋绑扎与加工】

1. 有梁楼盖板钢筋绑扎步骤

(1)认真研读施工图,弄清楚各类钢筋的布置情况。

(2)画线。根据施工图上的钢筋间距,在模板上画出双方向的板底筋分布线,并做出相应标记。

(3)摆放主筋。对于双向板,板底两个方向都是受力钢筋,在摆放时,将短边方向的钢筋放在最下面,然后安放长边方向的钢筋,同时注意安放的电线管线等设施设备。

(4)绑扎主筋。采用一面顺扣法进行绑扎,对于双向板要求各交叉点均应绑扎,且绑扎时每个绑扎点成八字交错排布,这样能够有效地保证钢筋骨架的整体稳定性,不易发生变形。同时,绑扎时还要注意保持主筋的弯钩向上。

(5)摆放并绑扎板板面构造钢筋。按照图纸间距要求安放构造钢筋,然后绑扎,绑扎时同样要牢固绑扎各个钢筋交叉点。

(6)布置垫块。采用塑料垫块,厚度和强度符合保护层要求,垫块间距不大于600 mm,梅花形布置。

2. 有梁楼盖板钢筋绑扎操作要点

(1)工艺流程:清理模板→模板上画线→绑扎下层受力筋→绑扎上层钢筋。

(2)工艺要点:

1)绑扎前应先修整模板,将模板上的垃圾杂物清扫干净,工具设计间距用粉笔在模板上分好主筋和分布钢筋的安装位置。

2)按照画好的间距先排放受力钢筋,然后放分布钢筋、预埋件、电线管、预留孔洞等同时配合安装并固定。

3)板下部钢筋不留接头,钢筋端部按设计要求锚固长度直接埋入支座。

4)板上洞口尺寸不大于300 mm,一般将钢筋从洞边绕过;当大于300 mm时,按照要求设置加强筋。

5)双层双向钢筋板网为保证有效高度,设置支撑钢筋。

6)主次梁与板交叉处,板钢筋在上,次梁钢筋居中,主梁钢筋在下。

3. 有梁楼盖板钢筋绑扎注意事项

(1)板钢筋绑扎一般采用一面顺扣法或者十字花扣法,外围的两根钢筋的相交点应全部绑扎,其余各点可以交错绑扎。对于使用支撑钢筋的,要确保上层钢筋的位置,保证负弯矩钢筋在每个相交点均要绑扎牢固。

（2）在板网下设置垫块时，间距1.5 mm。垫块的厚度为板的保护层厚度，保护层厚度应满足设计要求。

任务四　有梁楼盖板钢筋质量验收

▲▲【有梁楼盖板钢筋加工质量验收】

板钢筋的绑扎安装应满足表 5-0-3 的要求。

表 5-0-3　板钢筋安装位置的允许偏差和检验方法

项　　目		允许偏差/mm	检验方法
绑扎钢筋网	长、宽	±10	尺量
	网眼尺寸	±20	尺量连续三档，取最大偏差值
绑扎钢筋骨架	长	±10	尺量
	宽、高	±5	尺量
纵向受力钢筋	锚固长度	−20	尺量
	间距	±10	尺量两端、中间各一点，取最大偏差值
	排距	±5	
纵向受力钢筋、箍筋的混凝土保护层厚度	基础	±10	尺量
	柱、梁	±5	尺量
	板、墙、壳	±3	尺量
绑扎箍筋、横向钢筋间距		±20	尺量连续三档，取最大偏差值
钢筋弯起点位置		20	尺量
预埋件	中心线位置	5	尺量
	水平高差	+3，0	塞尺量测

注：检查中心线位置时，沿纵、横两个方向量测，并取其中偏差的较大值。

第 6 章

剪力墙篇

项目 6　剪力墙钢筋翻样与加工

项目提要

　　根据国家职业标准对钢筋工的技能要求，本项目主要讲述剪力墙平法识图、剪力墙钢筋的排布规则、剪力墙钢筋翻样计算等相关知识。

相关知识

1. 剪力墙的平法识图
2. 剪力墙钢筋的排布规则
3. 剪力墙钢筋翻样计算的相关知识
4. 剪力墙钢筋加工与安装
5. 钢筋工程检验相关规范

项目实施

剪力墙钢筋翻样与加工训练

项目目标

- 能根据实际结构施工图的要求，准确识读剪力墙配筋图；
- 能准确完成剪力墙钢筋的翻样计算，并形成钢筋下料单；
- 能正确完成剪力墙钢筋的绑扎加工，并保证尺寸精度；
- 培养学生团队协作的精神、严谨的工作作风及独立解决问题的能力。

任务一　准备工作

1. 学生准备工作

(1)结合 11G101 系列图集,认真熟悉图纸并严格执行国家标准和施工规范尝试进行翻样。

(2)结合《混凝土结构工程施工质量验收规范》(GB 50204—2015),了解剪力墙钢筋加工工艺。

(3)剪力墙钢筋翻样所需资料。

(4)钢筋加工在实训场地进行,根据实训场地实际情况及工程量需要准备钢筋加工机械及数量,钢筋备料。

(5)剪力墙钢筋翻样与加工的实训手册。

2. 教师准备工作

(1)剪力墙钢筋翻样与加工 PPT、网络资料、微视频等。

(2)职业实践分析及学情分析。

(3)制订教学目标。

(4)制作学习任务单。

(5)布置教学实训场地,创设剪力墙钢筋翻样与加工的教学情境。

(6)建立教学评价方式和学习效果考核制度。

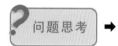　问题思考　➡️　在进行剪力墙钢筋翻样与加工时,当剪力墙水平钢筋遇端部暗柱时最容易出现的问题是什么?应该如何处理?

任务二　剪力墙钢筋识图与翻样

▲▲【剪力墙平法识图】

剪力墙平法施工图是在剪力墙平面布置图上采用列表注写方式或界面注写方式表达。为表达清楚、简便,剪力墙可视为由剪力墙柱、剪力墙身和剪力墙梁构成。

🔍 1. 剪力墙列表注写方式

列表注写方式是分别在剪力墙柱表、剪力墙身表和剪力墙梁表中，对应于剪力墙平面布置图上的编号，用绘制截面配筋图并注写几何尺寸与配筋具体数值的方式，来表达剪力墙平法施工图。

（1）剪力墙编号。剪力墙按剪力墙柱、剪力墙身、剪力墙梁（简称墙柱、墙身、墙梁）分别编号。

1）墙柱编号。墙柱编号由墙柱类型、代号和序号组成，见表 6-0-1。

表 6-0-1　墙柱编号

墙柱类型	代号	序号
约束边缘暗柱	YAZ	××
约束边缘端柱	YDZ	××
约束边缘翼墙（柱）	YYZ	××
约束边缘转角墙（柱）	YJZ	××
构造边缘暗柱	GAZ	××
构造边缘端柱	GDZ	××
构造边缘翼墙（柱）	GYZ	××
构造边缘转角墙（柱）	GJZ	××
非边缘暗柱	AZ	××
扶　壁　柱	FBZ	××

2）墙身编号。墙身编号由墙身代号、序号以及墙身所配置的水平与竖向分布钢筋的排数组成，其中，排数注写在括号内。表达形式为：Q××（×排），如 Q1（2 排）。

3）墙梁编号。墙梁编号由墙梁类型、代号和序号组成，见表 6-0-2。

表 6-0-2　墙梁编号

墙梁类型	代号	序号
连梁（无交叉暗撑及无交叉钢筋）	LL	××
连梁（有交叉暗撑）	LL(JC)	××
连梁（有交叉钢筋）	LL(JG)	××
暗　梁	AL	××
边框梁	BKL	××

(2)剪力墙柱表的内容。

1)注写墙柱编号和绘制该墙柱的截面配筋图。注写墙柱编号和绘制该墙柱的截面配筋图，对于约束边缘端柱 YDZ，需增加标注几何尺寸 $b_c \times h_c$，该柱在墙身部分的几何尺寸按标注构造详图取值时，设计不注，当设计者采用与标准构造详图不同的做法时，应另行注明；对于构造边缘端柱 GDZ，需增加标注几何尺寸 $b_c \times h_c$；对于约束边缘暗柱 YAZ、约束边缘翼墙(柱)YYZ、约束边缘转角墙(柱)YJZ，其尺寸按标注构造详图取值时，设计不注，当设计者采用与标准构造详图不同的做法时，应另行标注；对于构造边缘暗柱 GAZ、构造边缘翼墙(柱)GYZ、构造边缘转角墙(柱)GJZ，其尺寸按标注构造详图取值时，设计不注，当设计者采用与标准构造详图不同的做法时，应另行标注；对于非边缘暗柱 AZ、扶壁柱 FBZ，需增加标注几何尺寸。

2)注写各段墙柱的起止标高。注写各段墙柱的起止标高，自墙柱根部往上以变截面位置或截面未变但配筋改变处为界分段注写。墙柱根部标高是指基础顶面标高(如为框支剪力墙结构则为框支梁顶面标高)。

3)注写各段墙柱的纵向钢筋和箍筋。注写各段墙柱的纵向钢筋和箍筋，注写值应与在表中绘制的截面配筋图对应一致。纵向钢筋注写总配筋值；墙柱箍筋的注写方式与柱箍筋注写方式相同。对于 YDZ、YAZ、YYZ、YJZ，除注写阴影部位布置的箍筋外，还应注写非阴影区内布置的拉筋(或箍筋)。

所有墙柱纵向钢筋搭接长度范围内的箍筋均应按≤5d(d 为柱纵筋较小直径)且≤100 mm 的间距加密。

(3)剪力墙身表的内容。

1)注写墙身编号(包括水平与竖向分布钢筋的排数)，如 Q2(2 排)。

2)注写各段墙身的起止标高，自墙身根部往上以变截面位置或截面未变但配筋改变处为界分段注写。墙身根部标高是指基础顶面标高(如为框支剪力墙结构则为框支梁顶面标高)。

3)注写墙身的水平分布钢筋、竖向分布钢筋和拉筋的具体数值。注写数值为一排水平分布钢筋和竖向钢筋的规格与间距。

(4)剪力墙梁表的内容。

1)注写墙梁编号。

2)注写墙梁所在楼层号。

3)注写墙梁顶面标高高差(指相对于墙梁所在结构层楼面标高的高差值)，高于结构层楼面标高时为正值，低于结构层楼面标高时为负值，无高差时不注。

4)注写墙梁截面尺寸 $b \times h$，以及上部纵筋、下部纵筋和箍筋的具体数值。

5)当连梁设有斜向交叉暗撑时[代号为 LL(JC)××且连梁截面宽度不小于 400 mm]，注写一根斜向暗撑的配筋值，并标注"×2"(表明有两根暗撑相互交叉)。

6)当连梁设有斜向交叉钢筋时[代号为 LL(JC)××且连梁截面宽度小于 400 mm 但不

小于 200 mm]，注写一根斜向暗撑的配筋值，并标注"×2"（表明有两道斜向钢筋相互交叉）。

施工时应注意：

设置在墙顶部的连梁，与箍筋构造和斜向交叉暗撑、斜向交叉钢筋构造与非顶部的连梁有所不同，应按各自相应的构造详图施工。

墙梁侧面纵筋的配置，当墙身水平分布钢筋满足连梁、暗梁及边框梁的梁侧面纵向构造钢筋要求时，该构造钢筋的配置同墙身水平分布钢筋，表中不注；当不满足时，应在表中注明梁侧面纵筋的具体数值。

列表注写方式表达的剪力墙梁、墙身、墙柱平法施工图示例分别如图 6-0-1、表 6-0-3、图 6-0-2 所示。

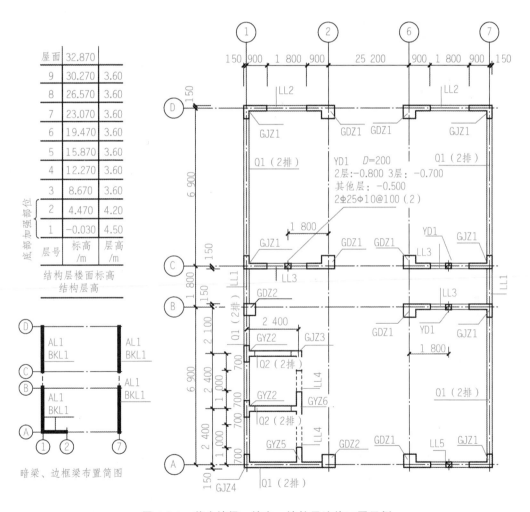

图 6-0-1　剪力墙梁、墙身、墙柱平法施工图示例

表 6-0-3 剪力墙梁与墙身表

剪力墙梁表							
编号	所在楼层号	梁顶相对标高高差	梁截面 $b \times h$	上部纵筋	下部纵筋	侧面纵筋	箍筋
LL1	2—9	0.8	300×2 000	4 22	4 22	同 Q1 水平分布筋	10@100(2)
	屋面		250×1 200	4 20	4 20		10@100(2)
LL2	3	−1.200	300×2 520	4 22	4 22	同 Q1 水平分布筋	10@150(2)
	4	−0.900	300×2 070	4 22	4 22		10@150(2)
	5—9	−0.900	300×1 770	4 22	4 22		10@150(2)
	屋面	−0.900	250×1 770	3 22	3 22		10@150(2)
LL3	2		300×2 070	4 22	4 22	同 Q1 水平分布筋	10@100(2)
	3		300×1 770	4 22	4 22		10@100(2)
	4—9		300×1 170	4 22	4 22		10@100(2)
	屋面		250×1 170	3 22	3 22		10@100(2)
LL4	2		250×2 070	3 20	3 20	同 Q2 水平分布筋	10@120(2)
	3		250×1 770	3 20	3 20		10@120(2)
	4—屋面		250×1 170	3 20	3 20		10@120(2)
LL5	2	0.8	300×2 970	4 22	4 22	同 Q1 水平分布筋	10@100(2)
	3	0.8	300×2 670	4 22	4 22		10@100(2)
	4—9	0.8	300×2 070	4 22	4 22		10@100(2)
	屋面		250×1 270	3 22	3 22		10@100(2)
AL1	2—9		300×600	3 20	3 20		8@150(2)
BKL1	屋面		500×750	4 22	4 22		10@150(2)

剪力墙身表					
编号	标高	墙厚	水平分布筋	垂直分布筋	拉筋（双向）
Q1（2 排）	−0.030—30.270	300	12@250	12@250	6@500@500
	30.270—33.870	250	12@250	12@250	6@500@500
Q2（2 排）	−0.030—33.870	250	10@250	10@250	6@500@500
	30.270—33.870	200	10@250	10@250	6@500@500

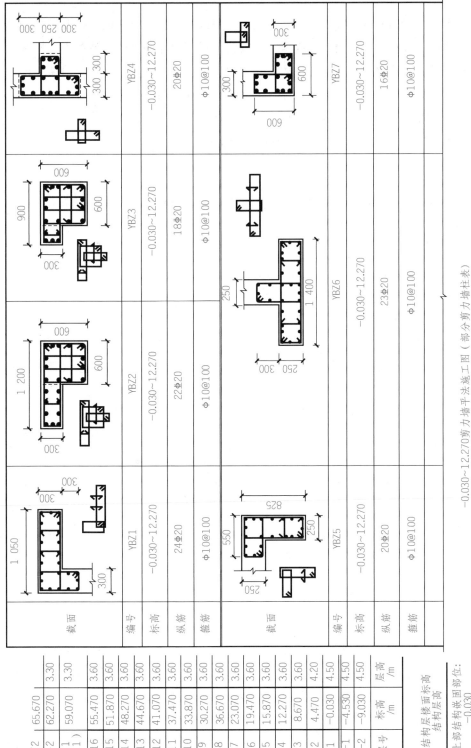

-0.030~12.270剪力墙平法施工图（部分剪力墙柱表）

图6-0-2　剪力墙平法施工图列表注写示例

截面			
编号	YBZ1	YBZ2	YBZ3	YBZ4
标高	-0.030~12.270	-0.030~12.270	-0.030~12.270	-0.030~12.270
纵筋	24Φ20	22Φ20	18Φ20	20Φ20
箍筋	Φ10@100	Φ10@100	Φ10@100	Φ10@100

截面			
编号	YBZ5	YBZ6	YBZ7
标高	-0.030~12.270	-0.030~12.270	-0.030~12.270
纵筋	20Φ20	23Φ20	16Φ20
箍筋	Φ10@100	Φ10@100	Φ10@100

层号	标高/m	层高/m
层面2	65.670	3.30
塔层2	62.270	3.30
屋面1（塔层1）	59.070	3.60
16	55.470	3.60
15	51.870	3.60
14	48.270	3.60
13	44.670	3.60
12	41.070	3.60
11	37.470	3.60
10	33.870	3.60
9	30.270	3.60
8	36.670	3.60
7	23.070	3.60
6	19.470	3.60
5	15.870	3.60
4	12.270	3.60
3	8.670	3.60
2	4.470	4.20
1	-0.030	4.50
-1	-4.530	4.50
-2	-9.030	4.50

结构层楼面标高
结构层高

上部结构嵌固部位：
-0.030

🔑 2. 剪力墙截面注写方式

剪力墙平法施工图的另一种表达方式为截面注写方式，是在分标准层绘制的剪力墙平面布置图上，以直接在墙柱、墙身、墙梁上注写截面尺寸和配筋具体数值的方式来表达剪力墙平法施工图。即选用适当比例原位放大绘制剪力墙平面布置图，其中，对墙柱绘制配筋截面图；对所有墙柱、墙身、墙梁按制图规则编号，并分别在相同编号的墙柱、墙身、墙梁中选择的一根墙柱、一道墙身、一根墙梁进行注写。

剪力墙平法施工图截面注写方式如图 6-0-3 所示。

🔑 3. 剪力墙洞口的表示方法

无论采用列表注写方式还是截面注写方式，剪力墙上的洞口均可在剪力墙平面布置图上原位表达。洞口的具体表达如下：

(1)在剪力墙平面布置图上绘制洞口示意图，并标注洞口中心的平面定位尺寸。

(2)在洞口中心位置引注：洞口编号、洞口几何尺寸、洞口中心相对标高和洞口每边补强钢筋四项内容。

1)洞口编号：矩形洞口为 JD××，圆形洞口为 YD××。

2)洞口几何尺寸：矩形洞口为洞口宽度×洞口高度($b×h$)。

3)洞口中心相对标高，是相对于结构层楼(地)面标高的洞口中心高度。当其高于结构层楼(地)面时为正值；低于结构层楼(地)面时为负值。

4)洞口每边补强钢筋，分以下几种不同情况：

①当矩形洞口的宽、高均不大于 800 mm 时，如果设置构造补强钢筋，洞口每边加钢筋≥2 12 且不小于同向被截断钢筋总面积的 50%，本项免注。例如：JD 3   400×300 ＋3.100，表示 3 号矩形洞口，洞口宽度 300 mm，洞口中心距本结构层楼面＋3 100 mm，洞口两边补强钢筋构造配置。

②当矩形洞口的洞宽、洞高均不大于 800 mm 时，如果设置补强钢筋大于构造配筋，此项注写为洞口每边补强钢筋的具体数值。如 JD2 400×300   ＋3.100   3 14，表示 2 号矩形洞口，洞口宽度 400 mm，洞口高度 300 mm，洞口中心距本结构层楼面＋3 100 mm，洞口每边配置 3 14 补强钢筋。

③当矩形洞口的宽度大于 800 mm 时，在洞口的上、下需设置补强暗梁，此项注写为洞口上、下每边暗梁的纵筋和箍筋的具体数值。在标准构造详图中，补强暗梁高一律定为 400 mm，施工时按标准构造详图取值，设计不注，反之应标注。当洞口上、下边为剪力墙连梁时，此项免注。洞口竖向两侧设置边缘构件时，不在此项表达。例如：JD5 1 800×2 100 ＋1.800   6 20   8@150(2)，表示 5 号矩形洞口，洞宽 1 800 mm，洞高 2 100 mm，洞口中心距本结构层楼面 1 800 mm，洞口上、下边设补强暗梁，每边暗梁纵筋为 6 20，箍筋为 8@150(2)。

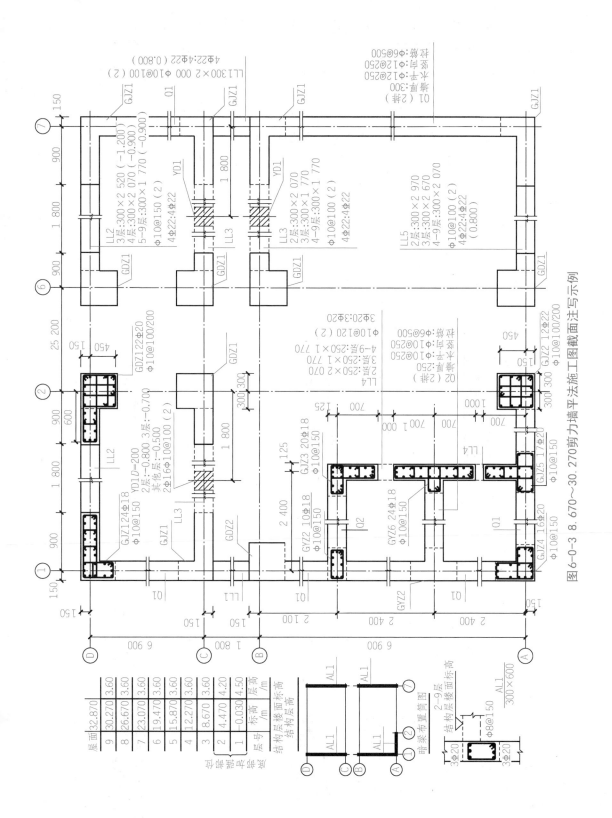

图6-0-3 8.670~30.270剪力墙平法施工图截面注写示例

④当圆形洞口设置在连梁中部 1/3 范围，且圆洞直径不应大于 1/3 梁高时，需注写，在圆洞上、下水平设置的每边补强纵筋与箍筋。如 YD 1 $D=200$ −0.500 2 16 10@100(2)。表示 1 号圆洞，直径为 200 mm，洞口中心距本结构层楼面−500 mm，洞口上、下水平设置补强纵筋 2 16，箍筋 10@100(2)。

⑤当圆形洞口设置在墙身、暗梁、边框梁位置，且洞口直径不大于 300 mm 时，此项注写洞口上、下、左、右每边布置的补强纵筋的具体数值。

⑥当圆形洞口直径大于 300 mm，但不大于 800 mm 时，其加强钢筋在标准构造详图中是按圆外切正六边形的边长方向布置，设计仅需注写正六边形中一边补强钢筋的具体数值。

▲【剪力墙排布筋原则】

🔍1. 剪力墙竖向钢筋排列位置

(1)剪力墙身竖向钢筋连接位置如图 6-0-4 所示。

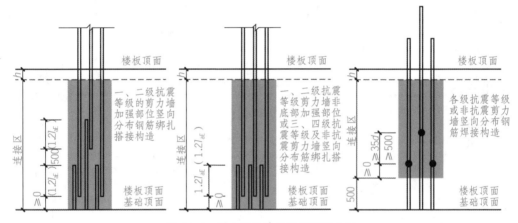

图 6-0-4 剪力墙身竖向钢筋连接位置

(2)约束边缘构件、构造边缘构件竖向钢筋连接位置如图 6-0-5 所示。

注：①h 为楼板、暗梁或边框梁的较大值。剪力墙竖向钢筋应连续通过 h 高度范围。

②当竖向钢筋为 HPB300时，钢筋端头应做 180°弯钩。

③端柱竖向钢筋连接和锚固要求与框架柱相同。矩形截面独立墙肢，当截面高度不大于截面厚度的 4 倍时，其竖向钢筋连接和锚固与框架柱相同，或按设计要求设置。

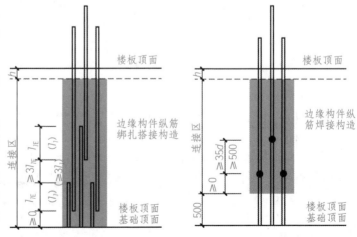

图 6-0-5 约束边缘构件、构造边缘构件竖向钢筋连接位置

🔧 2. 剪力墙约束边缘构件钢筋排布构造

(1)约束边缘转角墙钢筋排布构造如图 6-0-6 所示。

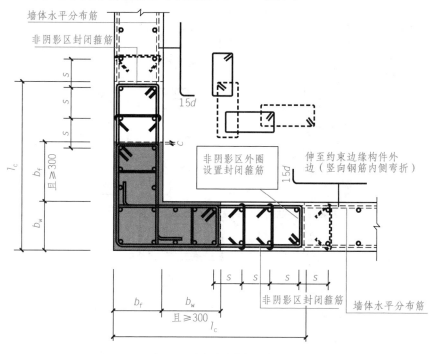

约束边缘转角墙构造（一）

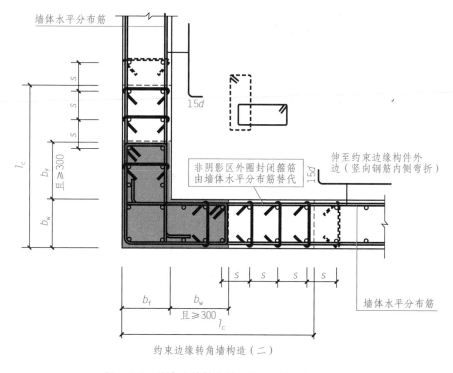

约束边缘转角墙构造（二）

图 6-0-6　约束边缘转角墙钢筋排布构造

（2）约束边缘翼墙钢筋排布构造如图 6-0-7 所示。

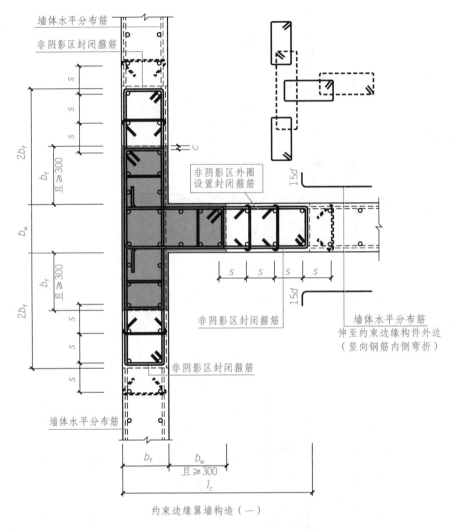

约束边缘翼墙构造（一）

图 6-0-7　约束边缘翼墙钢筋排布构造

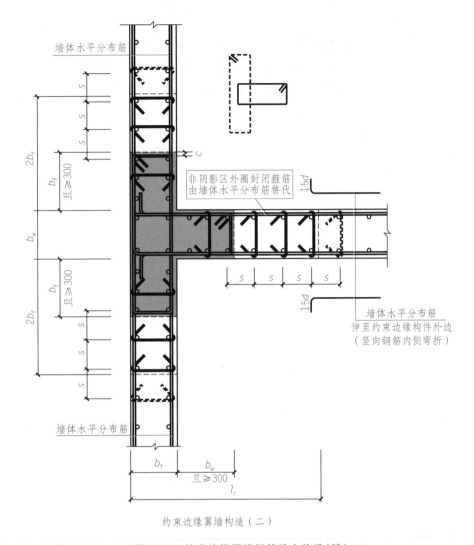

约束边缘翼墙构造（二）

图 6-0-7 约束边缘翼墙钢筋排布构造(续)

（3）约束边缘端柱钢筋排布构造如图 6-0-8 所示。

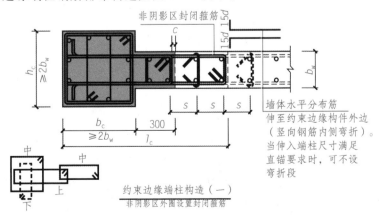

约束边缘端柱构造（一）
非阴影区外圈设置封闭箍筋

图 6-0-8 约束边缘端柱钢筋排布构造

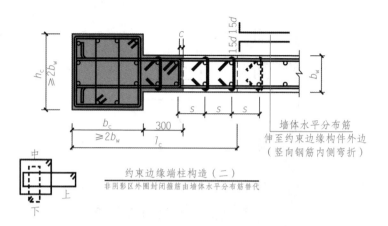

图 6-0-8 约束边缘端柱钢筋排布构造(续)

(4)约束边缘暗柱钢筋排布构造如图 6-0-9 所示。

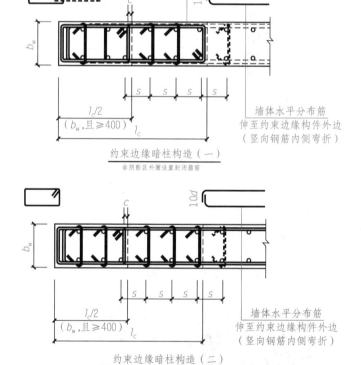

图 6-0-9 约束边缘暗柱钢筋排布构造

注：①一、二级抗震设计的剪力墙底部加强部位及其上一层剪力墙墙肢端部应设置约束边缘构件，一、二级抗震设计剪力墙的其他部位及三、四级抗震设计和非抗震设计的剪力墙墙肢端部应设置构造边缘构件。

②构建的具体尺寸及钢筋配置详见设计标注，S 为剪力墙竖向分布筋间距。

③非阴影区外圈可设置封闭箍筋或满足条件时由剪力墙水平分布钢筋替代，具体方案由设计确定。当设置外圈封闭箍筋时，该封闭箍筋伸入阴影区内一倍竖向分布钢筋间距，并箍住该竖向分布钢筋。封闭箍筋内设置拉筋，拉筋应同时箍住竖向钢筋和封闭箍筋。

④施工钢筋排布时，剪力墙约束边缘构件（或构造边缘构件）的竖向钢筋外皮与剪力墙竖向分布钢筋外皮应位于同一垂直平面（即竖向钢筋保护层厚度相同）。同时，还应满足箍筋与水平分布筋的保护层厚度要求。

⑤沿约束边缘构件（或构造边缘构件）外封闭周边箍筋局部重叠不宜多于两层，施工安装绑扎时，边缘构件封闭箍筋弯钩位置应沿各转角交错设置，转角墙或边缘暗柱外角处宜不设置弯钩。

⑥剪力墙钢筋配置多于两排时，中间排水平分布钢筋端部构造同内侧水平分布钢筋，其端部弯折段可向下或向上弯折。

🔍 3. 剪力墙构造边缘构件钢筋排布构造

（1）构造边缘端柱、暗柱构造如图 6-0-10 所示。

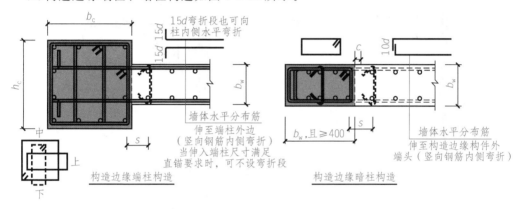

图 6-0-10　构造边缘端柱、暗柱构造

（2）构造边缘翼墙、转角墙构造如图 6-0-11 所示。

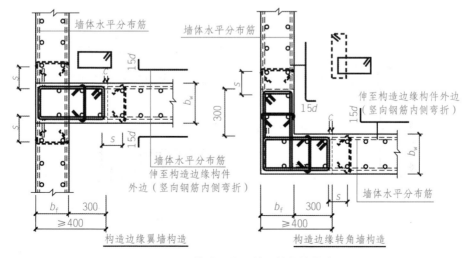

图 6-0-11　构造边缘翼墙、转角墙构造

4. 剪力墙水平分布钢筋搭接、锚固构造

(1)剪力墙水平分布钢筋搭接构造如图 6-0-12 所示。

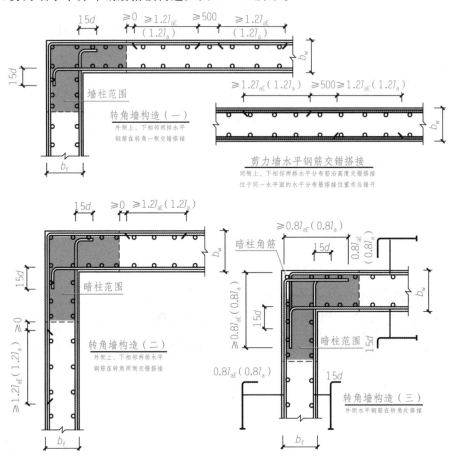

图 6-0-12　剪力墙水平分布钢筋搭接构造

(2)剪力墙水平分布钢筋锚固构造如图 6-0-13 所示。

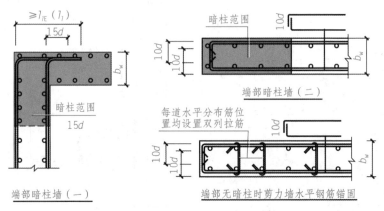

图 6-0-13　剪力墙水平分布钢筋锚固构造

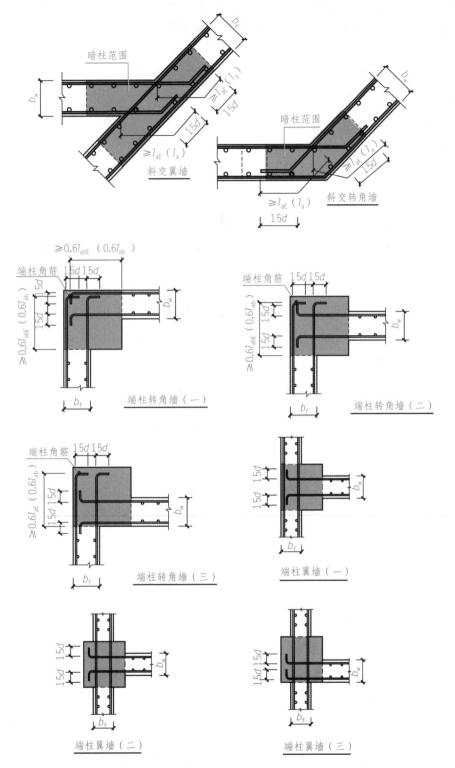

图 6-0-13　剪力墙水平分布钢筋锚固构造(续)

注：①剪力墙水平分布筋应伸到端柱对边柱纵筋内侧弯折，弯折段长度如图中标注。当位于端柱内部的水平分布筋伸到端柱对边弯折前的平直长度$\geqslant l_{aE}(l_a)$时，可不设弯折段。

②剪力墙钢筋配置多于两排时，中间排水平分布筋端柱处构造与位于端柱内部的水平分布筋相同，其端部弯折段可向上或向下弯折。

5. 剪力墙楼板、屋面板处钢筋排布构造

（1）剪力墙楼板处钢筋排布构造如图 6-0-14 所示。

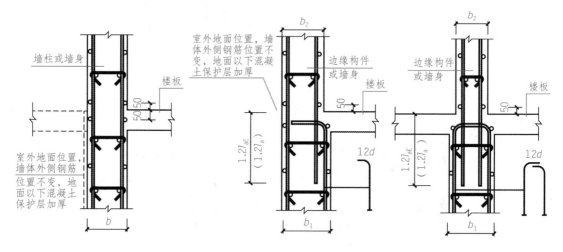

剪力墙楼板处钢筋排布构造

图 6-0-14 剪力墙楼板处钢筋排布构造

（2）剪力屋面板处钢筋排布构造如图 6-0-15 所示。

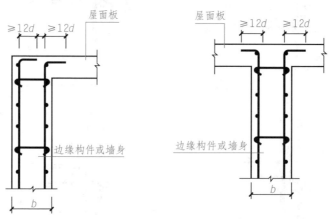

图 6-0-15 剪力墙屋面板处钢筋排布构造

注：①剪力墙层高范围最下一排水平分布钢筋距底部板顶 50 mm，最上一排水平分布钢筋距顶部板顶不大于 100 mm，当层顶位置设有宽度大于剪力墙厚度的边框梁时，最上

一排水平分布筋距顶部边框梁底 100 mm（并同时设置拉筋），边框梁内部不设置水平分布钢筋。

②剪力墙层高范围最下一排拉筋位于层底部板顶以上第二排水平分布筋位置处，最上一排拉筋位于层顶部板顶以下第二排水平分布筋位置处。拉筋直径≥6 mm，间距≤600 mm。

6. 剪力墙连梁钢筋排布构造

(1)墙端部洞口连梁立面如图 6-0-16 所示。

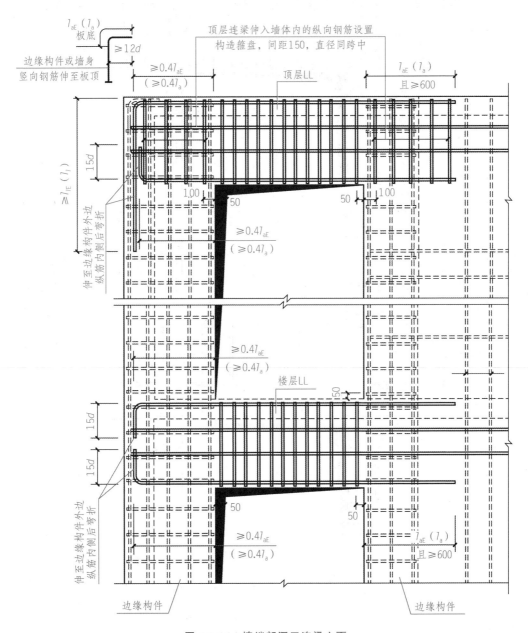

图 6-0-16　墙端部洞口连梁立面

(2)单洞口连梁(单跨)立面如图 6-0-17 所示。

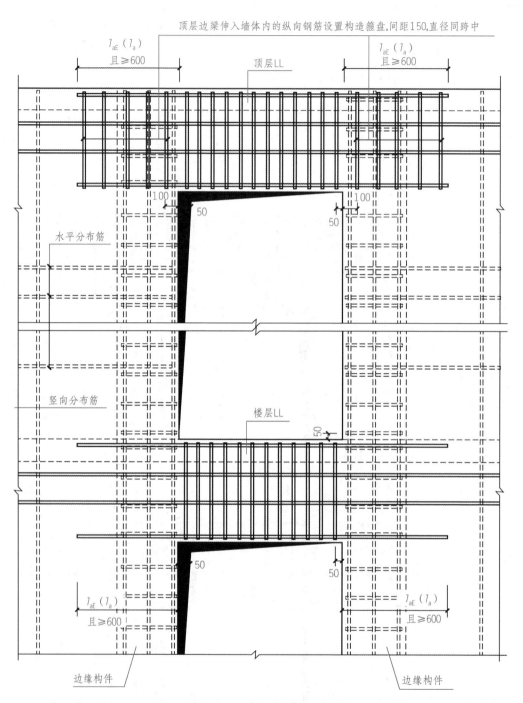

图 6-0-17 单洞口连梁(单跨)立面

（3）双洞口连梁（双跨）立面如图 6-0-18 所示。

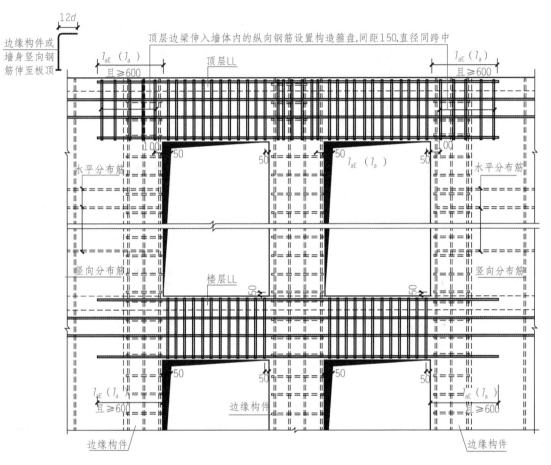

图 6-0-18　双洞口连梁（双跨）立面

（4）剪力墙楼层连梁钢筋排布构造（剖面）如图 6-0-19 所示。

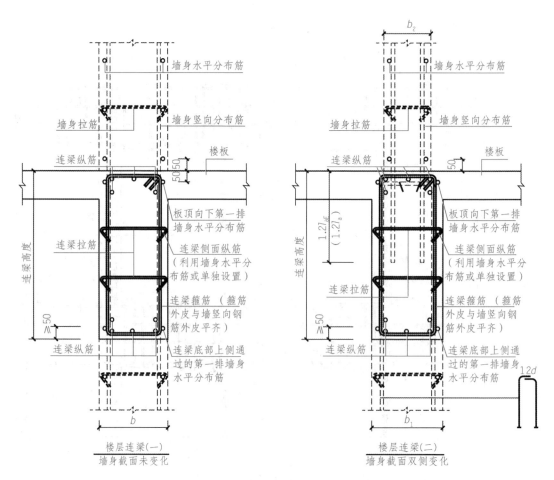

图 6-0-19　剪力墙楼层连梁钢筋排布构造（剖面）

(5)剪力墙跨层连梁钢筋排布构造(剖面)如图 6-0-20 所示。

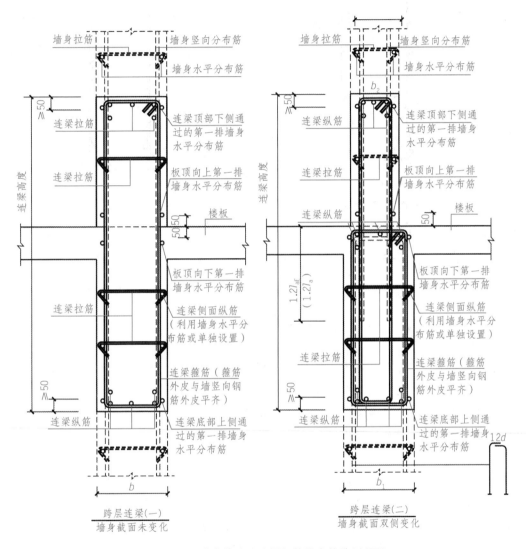

图 6-0-20　剪力墙跨层连梁钢筋排布构造(剖面)

(6)剪力墙顶层连梁钢筋排布构造(剖面)如图 6-0-21 所示。

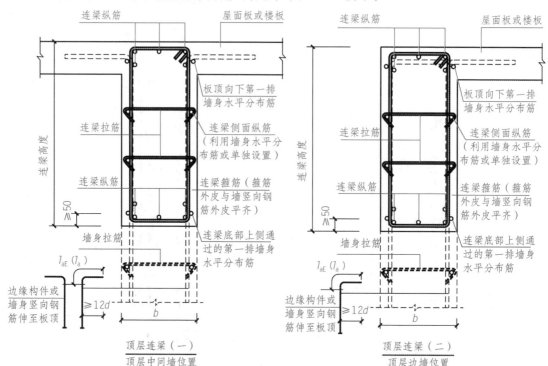

图 6-0-21 剪力墙顶层连梁钢筋排布构造(剖面)

注:①连梁箍筋外皮与剪力墙竖向钢筋外皮平齐,连梁上部、下部纵筋在连梁箍筋内侧设置,连梁侧面纵筋在连梁箍筋外侧紧靠箍筋外皮通过。

②当设计未单独设置连梁侧面纵筋时,墙身水平分布筋作为连梁侧面纵筋在连梁范围内拉通连续配置。当单独设置连梁侧面纵筋时,侧面纵筋伸入洞口以外支座范围的锚固长度为 $l_{aE}(l_a)$ 且≥600 mm,端部洞口单独设置的连梁侧面纵筋,在剪力墙端部边缘构件内的锚固要求与剪力墙水平分布筋相同。

③施工中钢筋绑扎时,进入连梁底部以上第一排墙身水平分布筋与梁底间距若小于 50 mm,可将次根钢筋向上调整使其与梁底间距为 50 mm;若进入跨层连梁顶部以下第一排墙身水平分布筋与梁顶间距小于 50 mm,可将次根钢筋向下调整使其与梁顶间距为 50 mm;其他墙身水平钢筋位置不变。

④当连梁截面高度≥700 mm 时,其侧面构造钢筋直径≥10 mm,间距≤200 mm。

⑤连梁拉筋直径:连梁宽≤350 mm 时为 6 mm,连梁宽>350 mm 时为 8 mm,拉筋水平间距为 2 倍箍筋间距,拉筋沿连梁侧面间距不大于侧面纵筋间距的两倍,相邻上下两排拉筋沿连梁纵向错开设置。

⑥中间层端部洞口连梁的纵向钢筋及顶层端部洞口连梁的下部纵向钢筋,当伸入端支座的直锚长度≥$l_{aE}(l_a)$时,可不必弯锚,但应伸至边缘构件外边竖向钢筋内侧位置。

(7)剪力墙连梁对角暗撑和交叉钢筋排布构造如图 6-0-22 所示。

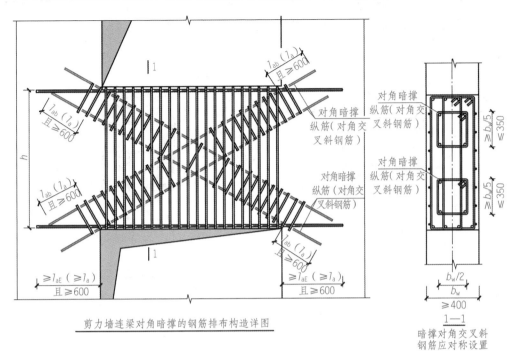

图 6-0-22 剪力墙连梁对角暗撑和交叉钢筋排布构造

(8)剪力墙身拉筋排布构造如图 6-0-23 所示。

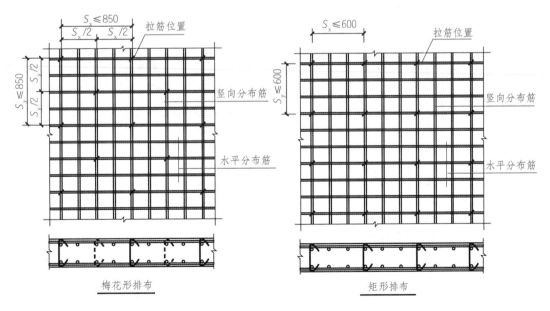

图 6-0-23 剪力墙身拉筋排布构造

7. 剪力墙边框梁、暗梁钢筋排布构造

(1) 剪力墙边框梁钢筋排布构造如图 6-0-24 所示。

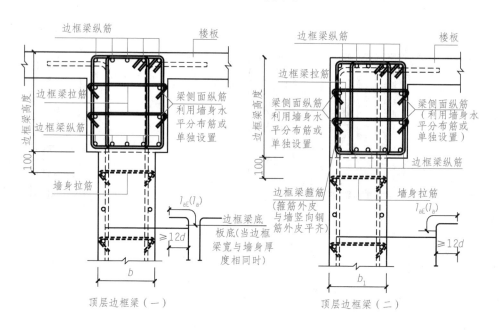

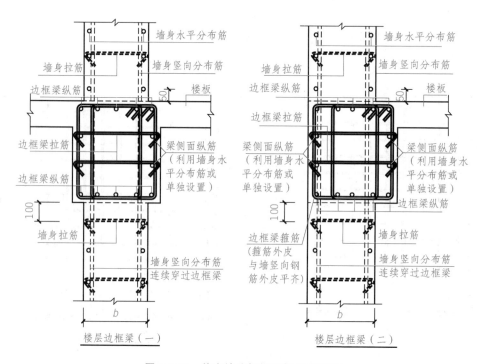

图 6-0-24　剪力墙边框梁钢筋排布构造

(2)剪力墙暗梁钢筋排布构造如图 6-0-25 所示。

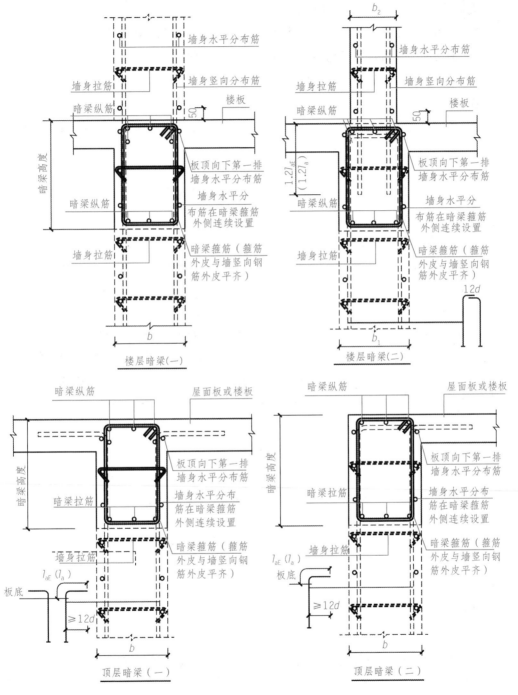

图 6-0-25　剪力墙暗梁钢筋排布构造

▲【剪力墙钢筋翻样实例】

江苏某建筑工程有限公司承建某学校实训楼工程施工，采用剪力墙结构，即将进行基础工程钢筋施工，为保证工程施工质量，要求钢筋翻样人员必须合理确定该工程的配筋信息。作为该技术人员应如何计算？

剪力墙钢筋翻样计算的基本步骤为：

(1)识读图纸，根据图纸的集中标注和原位标注掌握图纸的配筋等信息；

(2)根据钢筋的排布规则及构造要求分析钢筋的排布范围等相关信息；

(3)根据相关知识计算钢筋的下料长度。

工程信息：基础及墙身混凝土强度等级为 C30，剪力墙抗震等级为三级，基础底部标高为 -2.700 m，条形基础高度为 550 m。根据图 6-0-26 所示，试对 Q1 基础插筋及标高在 4.470 m 以下的剪力墙身钢筋翻样计算。

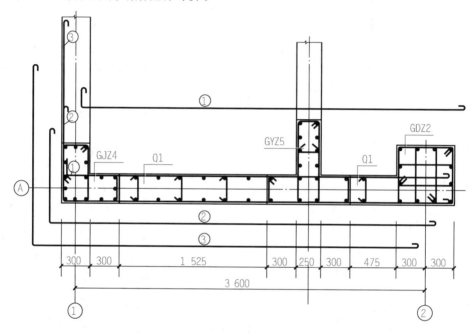

图 6-0-26　剪力墙墙身钢筋翻样计算示意图

解： 钢筋翻样采用 AutoCAD 辅助法。首先根据图纸尺寸绘制出墙柱和墙身平面图，将竖向钢筋、水平钢筋、箍筋、拉筋等按排布规则绘制，如图 6-0-26 所示。

(1)基础插筋计算。

1)插筋锚入基础长度 $550-40-16-10=484$(mm)，$l_{aE}=25d=25\times12=300$(mm)，$484/300=1.6\geqslant0.8l_{aE}$，弯钩长度 $a=6d=72<150$，根据构造要求取 150 mm。

2)根据剪力墙身竖向钢筋连接位置(图 6-0-5)三级抗震等级可在同一部位连接，搭接长度 $=1.2l_{aE}=1.2\times300=360$(mm)。

3)墙身插筋长度

$L_1=484+150+360+6.25\times12-2\times12=1\,045$(mm)。

根数 $n_1=(1\,525+15+15+10+11+10+10)/250-1=5.384$(根)取整数 6 根。

$n_2=(475+15+15+10+12.5+10+10)/250-1=3-1=1.19$(根)取整数 2 根。

两排总根数 $N=2\times(6+2)=16$（根）。

本例由于基础埋深不大，施工时若将基础插筋伸到地面以上，则插筋长度为：

$L_2=484+150+360+6.25\times12-2\times12+(-0.030+2.70-0.55)\times1\,000=3\,165$（mm）。

（2）$-0.030-4.470$ 竖向分布钢筋计算。

楼层竖向钢筋均可分层按下式计算（本例做 $180°$ 弯钩，不做 $5d$ 直钩）：

下料长度＝层高－露出本层的高度＋伸出上层外露长度＋与上层钢筋搭接长度

$L_3=4\,500+360+6.25\times12\times2=5\,010$（mm）。

根数同上 $N=2\times(6+2)=16$（根）。

（3）墙身水平分布钢筋翻样计算。

弄清图纸信息和钢筋构造后，就应该对钢筋有个全局排布计划，然后计算。

①号水平分布钢筋翻样计算：

根据构造要求①号钢筋一段伸入 GJZ4 竖向钢筋内侧弯 $15d$，另一段伸入 GDZ2 平直长度 $600-30-25=545$（mm）$>l_{aE}=25d=25\times12=300$（mm）可不弯折 $15d$，末端作 $180°$ 弯钩，$90°$ 弯折量度差取 $2d$。

$L_4=3\,600+300+150-30-15-12-22-25+15\times12+6.25\times12\times2-2\times12=4\,252$（mm）

①号水平分布钢筋根数计算：

基础顶面以下设置两道 $n_1=2$（根）

$-0.030\sim$基础顶面 $n_2=(2\,700-30-50-550)/250+1=9.28$（根）取整数 10 根

$-0.030\sim4.470\quad n_3=(4\,500-50)/250+1=19$（根）

共计根数 $n=2+9+19=30$（根）

②号水平分布钢筋翻样计算：

$L_5=3\,600+300+150-15-30-25+600+1.2\times25\times12+2\times6.25\times12-2\times12=5\,066$（mm）

②号水平分布钢筋根数 $n=2+9+19=30$（根）

③号水平分布钢筋翻样计算：

$L_6=L_5+500+1.2\times25\times12=5\,926$（mm）。

③号水平分布钢筋根数 $n=2+9+19=30$（根）

（4）墙身拉筋翻样计算。

长度＝墙厚－2×保护层＋$\max(75+1.9d,\,11.9d)\times2+2d$

拉筋长度 $L_7=300-15\times2$（水平分布筋保护层）$+(75+1.9\times6)\times2+6\times2=455$（mm）。

根数一般为估算：

根数＝（墙面积－洞面积－墙柱面积－墙梁面积）/（横向间距×纵向间距）

基础布置 2 排，-0.030 标高以下墙体布置 4 排，$-0.030\sim4.470$ 标高布置 9 排。根据拉筋的设计要求及拉筋的排布规则，每排拉筋布置 6 根，总计布置拉筋根数 $n=2\times6$（基础顶面以下）$+4\times6$（$-0.030\sim$基础顶面）$+9\times6$（$-0.030\sim4.470$）$=90$（根）。

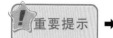

　　剪力墙身第一根竖向钢筋在边缘构件阴影区边的布置问题，当边缘构件为暗柱时，应将剪力墙中的竖向分布钢筋整体排布后，把最小的间距放在靠暗柱或转角柱处；也可以按设计间距进行布置。当边缘构件为端柱时，第一根竖向钢筋与端柱近边的距离不大于 100 mm。

拓展练习

　　工程信息：基础及墙身混凝土强度等级为 C25，剪力墙抗震等级为二级，基础底部标高为 -2.650 m，条形基础高度为 600 m。请结合剪力墙墙身钢筋翻样示意图（图 6-0-26），对 Q1 基础插筋及标高 4.470 m 以下剪力墙身钢筋进行翻样计算。

任务三　剪力墙钢筋绑扎与加工

▲【剪力墙钢筋绑扎与加工】

　　(1)加工机具：钢筋调直机、钢筋切断机、钢筋弯曲机、钢筋扳手、钢筋剪断钳。

　　(2)模拟剪力墙钢筋加工施工现场。

　　1)除锈：盘条光圆钢筋采用冷拉调直的方法对钢筋进行除锈处理，对于钢筋表面的浮锈采用钢丝刷进行除锈，少量时采用人工除锈。

　　带肋钢筋采用人工钢丝刷除锈。

　　2)调直：调直机调直或冷拉调直；根据任务单，对所需的箍筋、水平钢筋和竖直钢筋等进行调直、除锈。

提示

　　对于热轧盘条钢筋采用钢筋调直机进行拉直，HPB300 级钢筋的冷拉率不得大于 4%。

　　3)钢筋切断。

　　①钢筋下料按学生手中的任务单尺寸进行下料，钢筋切断采用钢筋切断机，直螺纹连接钢筋必须采用砂轮切割机进行切断，以保证直螺纹丝头质量。

　　②切断钢筋时将同规格钢筋根据不同长度进行长短搭配，统筹安排，应先断长料、后断短料，减少短头，减少损耗。

③断料时应避免用短尺量长料,防止在量料中产生累积误差。应在工作台上标出尺寸刻度线,并设置控制断料尺寸用的挡板。

提示

切断过程中,如发现钢筋有断裂、缩头或严重的弯头等必须切除。

4)弯曲成型。

在熟悉图纸和任务单的基础上:

①钢筋弯曲前,根据钢筋料单上的尺寸,将各弯曲点位置在操作台上划出。

②钢筋弯曲成型:钢筋在弯曲机上成型时,严格控制钢筋直径与心轴直径的关系:

a.箍筋、拉钩的成型:采用手摇扳手在工作台上人工成型,箍筋弯钩角度要达到135°,平直段长度为$\geq 10d$ 且≥ 75 mm;拉钩弯钩角度要达到135°,平直段长度为$\geq 10d$ 且≥ 75 mm。HPB300级钢筋末端做135°弯钩,其弯折处圆弧弯曲半径(r)$\geq$钢筋直径(d)的1.25倍;HRB335级钢筋末端做135°弯钩,其弯折处圆弧弯曲半径(r)$\geq$钢筋直径(d)的2倍。箍筋及拉钩构造如图6-0-27所示。

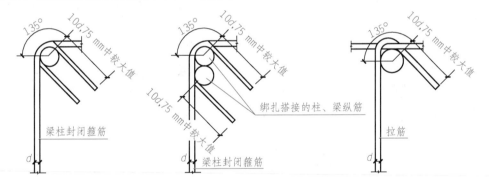

图 6-0-27 钢筋 135°弯钩加工示意图

b.墙、板筋的成型:如使用HPB300级钢筋时,其末端做180°弯钩,其弯折处圆弧弯曲半径(r)$\geq$钢筋直径(d)的1.25倍,平直段长度为$3d$。其构造如图6-0-28所示。

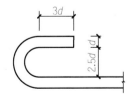

图 6-0-28 钢筋 180°弯钩加工示意图

HRB335、HRB400级钢筋末端做135°弯钩时,其$D \geq 4d$,弯钩的弯后平直段长度应符合设计要求;钢筋做不大于90°的弯折时,其$D \geq 5d$(D为弯折处的弯弧内径,d为钢筋直径)。

提示

> 钢筋成型形状要正确，平面上不应有翘曲不平现象；弯曲点处不能有裂缝。

5)剪力墙钢筋绑扎。

工艺流程：弹墙位置线→钢筋清理、校正→竖筋钢筋连接→竖筋钢筋连接检验→暗柱筋绑扎→划水平筋间距线→绑定位横筋→绑其余横竖筋→绑扎拉钩→交点绑扎→保护层卡环→墙体钢筋隐检。

立竖筋：先绑2～4根竖筋，并画好水平筋分档标志，然后绑扎下部及齐胸处两根水平筋定位，并在该水平筋上画好竖筋分档标志，然后绑扎竖向梯子筋(也做水平筋分档标志)，间距≤2 m，梯子筋顶模棍必须用无齿锯切割，保证断面平齐，顶模棍加工完毕后端面刷防锈漆；竖筋在里、水平筋在外。在转角处、丁字墙以及端头等设置暗柱部位等，严格按照规范和设计要求计算和留置墙体水平筋锚入暗柱的长度。

小贴士
Little Tips

实践操作过程中切记安全文明施工，做好安全防护措施。墙体钢筋应逐点绑扎，为保证两排钢筋水平筋间距，应采用大于墙竖筋 HPB300 级的钢筋制成的梯子形定位筋。梯子筋的横筋间距为墙体水平筋间距，底部、中部、顶部横筋长度，为墙体厚度并涂防锈漆。为控制梯子筋的加工质量，应加强梯子筋的加工模具的检验，并对加工成型的梯子筋进行预检，重点检查梯子筋的横撑长度、横撑两端的长度和横撑的间距，保证梯子筋符合标准要求，如图 6-0-29 所示。

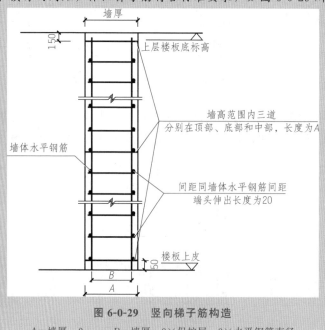

图 6-0-29 竖向梯子筋构造

$A=$墙厚-2 mm；$B=$墙厚$-2×$保护层$-2×$水平钢筋直径

任务四　剪力墙钢筋质量验收

▲【剪力墙钢筋加工质量验收】

🔧 1. 主控项目

(1)钢筋的品种和性能以及接头中使用的钢板和型钢，必须符合设计要求和有关标准的规定。

(2)钢筋带有颗粒状和片状老锈，经除锈后仍留有麻点的钢筋，严禁按原规格使用。钢筋表面应保持清洁。

(3)钢筋的规格、形状、尺寸、数量、锚固长度、接头设置，必须符合任务单中设计要求和施工规范的规定。

(4)墙体的钢筋绑扎，应满足 3 个"5"、3 个"3"，即连梁边上第一根箍筋入暗柱 5 cm；出地面第一根水平筋距地面 5 cm；出暗柱第一根墙体纵筋距暗柱 5 cm；墙纵筋每个搭接长度内至少有 3 道水平筋；每个搭接长度内绑扎 3 道；暗柱出地面第一根箍筋距地面 3 cm。

🔧 2. 一般项目

(1)钢筋网片和骨架绑扎缺扣、松扣数量不超过绑扣数的 10%，且不应集中。

(2)弯钩的朝面应正确。绑扎接头应符合施工规范的规定，其中每个接头的搭接长度不小于规定值。

(3)箍筋数量、弯钩角度和平直长度，应符合任务单的设计要求和施工规范的规定。

(4)钢筋加工和绑扎允许偏差应符合相关标准和规范的规定。

第 7 章

楼 梯 篇

项目 7 AT 型楼梯钢筋翻样与加工

项目提要

根据国家职业标准对钢筋工的技能要求，本项目主要讲述 AT 型楼梯的平法识图、AT 型楼梯翻样、加工等相关知识。

相关知识

1. 现浇钢筋混凝土楼梯的平法识图
2. 现浇钢筋混凝土楼梯构造要求
3. 现浇钢筋混凝土 AT 型楼梯钢筋翻样计算的相关知识

项目实施

AT 型楼梯钢筋翻样与加工训练

项目目标

- 能根据实际结构施工图的要求，准确识读楼梯配筋图；
- 能准确完成 AT 型楼梯钢筋的翻样计算，并编制料表制作钢筋下料单；
- 能正确完成楼梯钢筋的绑扎加工，并保证尺寸精度；
- 培养学生团队协作的精神、严谨的工作作风及独立解决问题的能力。

任务一　准备工作

1. 学生准备工作

(1)11G101—2 图集。

(2)《混凝土结构工程施工质量验收规范》(GB 50204—2015)

(3)钢筋翻样所需课本、试验手册、相关工量器具等。

(4)对前面讲的钢筋下料计算进行复习。

(5)对建筑构造、建筑识图课程中的楼梯知识点进行复习。

2. 教师准备工作

(1)楼梯施工阶段的微视频、PPT、学习任务单的制作。

(2)职业实践分析及学生情况分析。

(3)钢筋翻样多媒体资料。

(4)学生学习目标的制订。

(5)AT 型楼梯钢筋翻样与加工的教学情境创设。

(6)教学用工量器具的准备。

(7)小组互评及自评表格制作，质量评分系统的建立。

 问题思考　➡　常用的楼梯有哪些类型？楼梯的基本结构组件有哪些？

任务二　AT 型楼梯识图与翻样

▲【AT 型楼梯平法识图】

1. 现浇钢筋混凝土楼梯形式

现浇钢筋混凝土楼梯有 11 种不同的形式如图 7-0-1 所示。在施工图纸上设计人员会给出现浇钢筋混凝土楼梯的具体形式。下面介绍楼梯的平法识图。

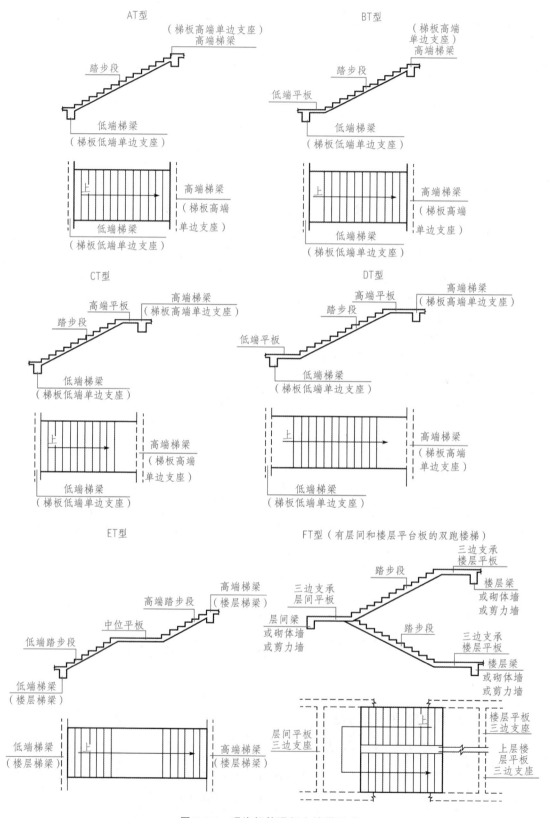

图 7-0-1　现浇钢筋混凝土楼梯形式

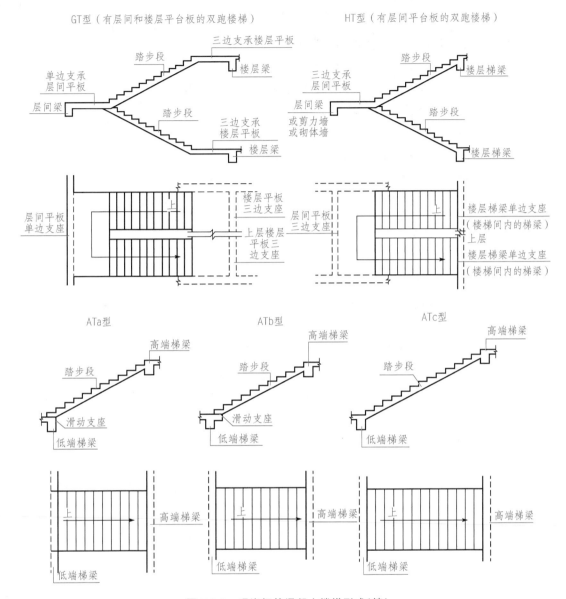

图 7-0-1　现浇钢筋混凝土楼梯形式（续）

🔧 2. 平面注写方式

平面注写方式，是在楼梯平面布置图上注写截面尺寸和配筋具体数值的方式来表达楼梯施工图。其包括集中标注和外围标注。

（1）楼梯集中标注的内容有五项，具体规定如下：

1）楼梯类型代号与序号，如 AT××。

2）楼梯厚度，注写为 $h=×××$。当为带平板的梯板且梯段板厚度和平板厚度不同时，可在梯段板厚度后面括号内以字母 P 打头注写平板厚度。

例：$h=130(P160)$，130 表示梯段板厚度，160 表示梯板平板段的厚度。

3)踏步段总高度和踏步级数，之间以"/"分隔。

4)梯板支座上部纵筋，下部纵筋，之间以";"分隔。

5)梯板分布筋，以 F 打头注写分布钢筋具体值，该项也可在图中统一说明。

例：平面图中梯板类型及配筋的完整标注示例如下（AT 型）：

AT1，$h=120$ 梯板类型及编号，梯板板厚

1 800/120 踏步段总高度/踏步级数

 12@150；16@100 上部纵筋；下部纵筋

F 8@250 梯板分布筋(可统一说明)

(2)楼梯外围标注的内容，包括楼梯间的平面尺寸、楼层结构标高、层间结构标高、楼梯的上下方向、梯板的平面几何尺寸、平台板配筋、楼梯及梯柱配筋等。

3. 剖面注写方式

(1)剖面注写方式需在楼梯平法施工图中绘制楼梯平面布置图和楼梯剖面图，注写方式分为平面注写、剖面注写两部分。

(2)楼梯平面图布置图注写内容，包括楼梯间的平面尺寸。楼层结构标高、层间结构标高、楼梯的上下方向、楼梯的平面几何尺寸、楼梯类型及编号、平台板配筋、梯梁及梯柱配筋等。

(3)楼梯剖面图注写内容，包括梯板集中标注、梯梁梯柱编号、梯板水平及竖向尺寸、楼梯结构标高、层间结构标高等。

(4)梯板集中标注的内容有四项，具体规定如下：

1)梯板类型及编号，如 AT××。

2)梯板厚度，注写为 $h=×××$。当梯板由踏步段和平板构成，且踏步段楼板厚度和平板厚度不同时，可在梯板厚度后面括号内以字母 P 打头注写平板厚度。

3)梯板配筋。注写梯板上部纵筋和梯板下部纵筋，用分号";"将上部与下部纵筋的配筋值分隔开来。

4)梯板分布筋，以 F 打头注写分布钢筋具体值，该项也可在图中统一说明。

例：剖面图中梯板配筋完整的标注如下：

AT1，$h=120$ 梯板类型及编号，梯板厚度

 12@200；16@150 上部纵筋；下部纵筋

F 8@250 梯板分布筋(可统一说明)

4. 列表注写方式

(1)列表注写方式，是用列表方式注写梯板截面尺寸和配筋具体数值的方式来表达楼梯施工图。

(2)列表注写方式的具体要求同剖面注写方式，仅将剖面注写方式中的集中标注的配筋注写项改为列表注写项即可。

梯板列表格式见表 7-0-1。

表 7-0-1　梯板几何尺寸和配筋

梯板编号	踏步段总高度/踏步级数	板厚 h	上部纵筋钢筋	下部纵筋钢筋	分布筋

▲【AT 型楼梯排布筋原则】

AT 型楼梯构造图如图 7-0-2 所示。

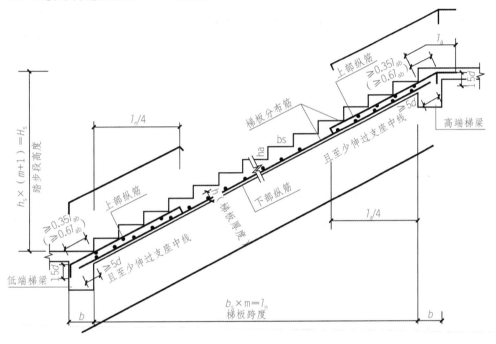

图 7-0-2　AT 型楼梯构造图

根据图集中楼梯钢筋构造详图进行钢筋下料长度计算：

(1)梯板底部受力筋长度计算方法见表 7-0-2。

表 7-0-2　梯板底部受力筋长度计算方法

梯板底受力筋长度＝梯板投影净长×斜度系数＋伸入左端支座内长度＋伸入右端支座内长度＋弯钩×2				
梯板投影净长	斜度系数	伸入左端支座长度	伸入右端支座长度	弯钩长度
l_n	$K=\sqrt{(b_s^2+h_s^2)}/b_s$	$\mathrm{Max}(5d,\ b/2)$	$\mathrm{Max}(5d,\ b/2)$	$6.25d$
梯板底受力筋长度＝$l_n \times K+\mathrm{Max}(5d,\ K \times b/2) \times 2+6.25d \times 2$(弯钩只有光圆钢筋有)				

(2)梯板底部受力筋根数计算方法见表 7-0-3。

表 7-0-3　梯板底部受力筋根数计算方法

梯板底受力筋根数=(梯板净宽-保护层×2)/受力筋+1		
梯板宽度	钢筋保护层厚度	受力筋间距
b	c	s
梯板底受力筋根数=$(b-2c)/s+1$ 取整数		

（3）梯板底部受力筋的分布筋长度计算方法见表 7-0-4。

表 7-0-4　梯板底部受力筋的分布筋长度计算方法

梯板底受力筋的分布筋长度=梯板净宽-钢筋保护层厚度×2	
梯板净宽	保护层厚度
b	c
梯板底筋受力筋的分布筋长度=$b-2c$	

（4）梯板底部受力筋的分布筋根数计算方法见表 7-0-5。

表 7-0-5　梯板底部受力筋的分布筋根数计算方法

起步距离判断	梯板底部受力筋的分布筋根数=(梯板投影净长×斜度系数-起步距离×2)/分布筋间距+1			
	梯板投影净跨	斜度系数	起步距离	分布筋间距
起步距离为 50 mm	l_n	K	50 mm	s
	分布筋根数=$(l_\mathrm{n}×K-50×2)/s+1$(向上取整)			

（5）梯板顶部支座负筋长度计算方法。

低端支座负筋=斜段长+h-保护层厚度×2+$15d$-$4d$(弯曲调整值)

高端支座负筋=斜段长+h-保护层厚度×2+l_a

当总锚长不满足 l_a 时可伸入支座对边向下弯折 $15d$，伸入支座内长度$>0.35l_\mathrm{ab}$ $(0.6l_\mathrm{ab})$。注：$0.35l_\mathrm{ab}$用于设计按铰接的情况，$0.6l_\mathrm{ab}$用于充分考虑支座钢筋抗拉的情况。

（6）梯板顶部支座负筋根数计算方法见表 7-0-6。

表 7-0-6　梯板顶部支座负筋根数计算方法

顶部支座负筋根数=(梯板净宽-保护层厚度×2)/受力筋间距+1		
梯板净宽	保护层厚度	受力筋间距
b	c	s
顶部支座负筋根数=$(b-2c)/s+1$(向上取整)		

（7）梯板顶部支座负筋下分布筋长度计算方法见表 7-0-7。

表 7-0-7　梯板顶部支座负筋下分布筋长度计算方法

支座负筋下分布筋长度＝(梯板净宽－保护层厚度×2)＋弯钩×2	
梯板净宽	保护层厚度
b	c
支座负筋下分布筋长度＝$b-2c$	

(8)梯板顶部支座负筋下分布筋根数计算方法。

梯板单个支座负筋下分布筋根数＝(支座负筋伸入板内直线投影长度×斜度系数－起步距离×2)/分布筋间距＋1

注意：计算结果取整数。

▲【AT 型楼梯钢筋翻样实例】

某住宅小区由江苏××建设工程公司承建，楼梯混凝土强度等级为 C25，具体如图 7-0-3 所示，试对楼梯钢筋进行翻样，并计算下料长度。

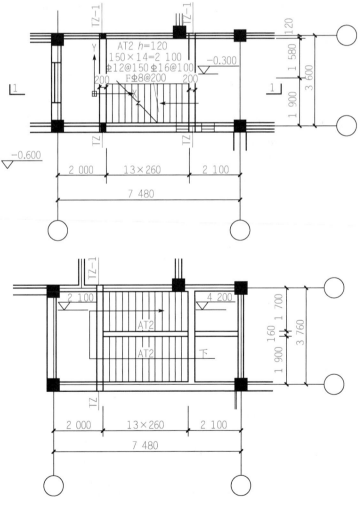

图 7-0-3　楼梯图

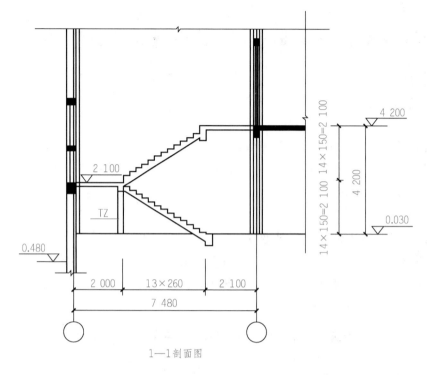

1—1剖面图

图 7-0-3 楼梯图(续)

解：现浇钢筋混凝土楼梯为 AT 型，在 11G101—2 图集上构造详图如图 7-0-2 所示。

室内地面到休息平台钢筋下料计算

(1)下部纵向钢筋：

简图

$$L_1$$

$$K = \sqrt{(b_s^2 + h_s^2)}/b_s = \sqrt{(260^2 + 150^2)}/260 = 1.154$$

$$L_1 = l_n \times K + \text{Max}(5d,\ K \times b/2) \times 2$$

$$\quad = 13 \times 260 \times 1.154 + \text{Max}(5 \times 16,\ 1.154 \times 200/2) \times 2 = 4\ 131.32\ (\text{mm})$$

钢筋下料长度为：4 132(mm)

梯板底受力筋根数 $(n_1) = (b - 2c)/s + 1 = (1\ 900 - 2 \times 20)/100 + 1 = 19.6$ 取整 20 根

(2)下部分布筋：

简图

$$L_2$$

$$L_2 = b - 2c = 1\ 900 - 2 \times 20 = 1\ 860\ (\text{mm})$$

下料长度为：1 860(mm)

根数 $(n_2) = (l_n \times K - s)/s + 1 = (13 \times 260 \times 1.154 - 50)/200 + 1 = 20.25$ 取整 21 根

(3)上部低端纵筋：

简图

$L_3 = l_n/4 \times K + b \times K = 13 \times 260/4 \times 1.154 + 200 \times 1.154 = 1\ 187.93(\text{mm})$

$0.35l_{ab} < bK$　$0.35 \times 33 \times 12 = 138.6 < 200 \times 1.154 = 230.8$

下料长度 $= L_3 + 180 + 80 - 4d = 1\ 187.93 + 180 + 80 - 4 \times 12 = 1\ 399.93(\text{mm})$

根数 $(n_3) = (b - 2c)/s + 1 = (1\ 900 - 2 \times 20)/150 + 1 = 13.4$　向上取整 14 根

(4)上部高端支座纵筋

简图

计算方式同上部低端纵筋

拓展练习

计算休息平台到二楼楼面钢筋下料。

任务三　AT 型楼梯钢筋绑扎与加工

▲▲【AT 型楼梯钢筋绑扎与加工】

原材料进场验收同前，为确保施工质量，用于柱侧面及楼板、梁等各部位的保护层垫块，依据设计要求厚度，用与该结构构件混凝土等强度的砂浆制作垫块。施工时，要根据实际情况放样，以控制垫块的准确度。

1. 钢筋加工

钢筋加工的方式同前面讲述的内容基本一致。

2. 楼梯钢筋绑扎程序

(1)工艺流程。划位置线→绑梯板底主筋→绑梯板负筋。

(2)施工工艺。

1)在楼梯底板上划主筋和分布筋的位置线。

2)根据设计图纸中主筋、分布筋的方向，先绑扎主筋后绑扎分布筋，每个交点均应绑扎。如有楼梯梁时，先绑梁后绑板筋。板筋要锚固到梁内。

3)底板筋绑完，再绑扎梯板负筋钢筋。主筋、负筋数量和位置均应符合设计要求。

任务四 AT 型楼梯钢筋质量验收

▲【AT 型楼梯钢筋加工质量验收】

钢筋混凝土钢筋进场质量验收同前，在此主要强调以下几点：

(1)钢筋的级别、直径选择正确。

(2)钢筋锚固长度是否符合要求。

(3)认清楼梯的类型，不同类型的楼梯钢筋构造做法不同。

(4)预埋件的位置要正确设置。

参 考 文 献

[1] 中国建筑标准设计研究院 . 11G101—1 混凝土结构施工图平面整体表示方法制图规则和构造详图（现浇混凝土框架、剪力墙、梁、板）[S]. 北京：中国计划出版社，2011.

[2] 中国建筑标准设计研究院 . 11G101—2 混凝土结构施工图平面整体表示方法制图规则和构造详图（现浇混凝土板式楼梯）[S]. 北京：中国计划出版社，2011.

[3] 中国建筑标准设计研究院 . 11G101—3 混凝土结构施工图平面整体表示方法制图规则和构造详图（独立基础、条形基础、筏形基础及桩基承台）[S]. 北京中国计划出版社，2011.

[4] 中国建筑标准设计研究院 . 12G901—1 混凝土结构施工钢筋排布规则与构造详图（现浇混凝土框架、剪力墙、梁、板）[S]. 北京：中国计划出版社，2012.

[5] 中国建筑标准设计研究院 . 12G901—2 混凝土结构施工钢筋排布规则与构造详图（现浇混凝土板式楼梯）[S]. 北京：中国计划出版社，2012.

[6] 中国建筑标准设计研究院 . 12G901—3 混凝土结构施工钢筋排布规则与构造详图（独立基础、条形基础、筏形基础、桩基承台）[S]. 北京：中国计划出版社，2012.

[7] 上官子昌 . 钢筋翻样方法与技巧[M]. 北京：化学工业出版社，2012.